XIGĀBA BĪṈI-ZĀ

NUMERACIÓN EN ZAPOTECO

Tercera edición
Nueva ortografía

Desiderio De Gyves Ruiz

XIGĀBA BĪṈI-ZĀ

NUMERACIÓN EN ZAPOTECO

Tercera edición
Nueva ortografía

Desiderio De Gyves Ruiz

2018

Xigāba Bīṉi-Zā / Numeración en Zapoteco
Tercera edición
Nueva ortografía
Desiderio De Gyves Ruiz

Tipografía y diseño: Yesenia Ruiz Vásquez
Imagen de la tapa: Fragmento de *Cajete de Xadani*,
                      Colección particular de Na Mari-Deyo.
Fotografía de la contratapa: Manuel López Mateos

©2018   Desiderio De Gyves Ruiz
Todos los derechos reservados

ISBN-13: 978-1719433402
ISBN-10: 1719433402

Información para catalogación bibliográfica:
  De Gyves Ruiz, Desiderio
  Xigāba Bīṉi-Zā / Numeración en Zapoteco. Tercera edición, nueva ortografía.
  Desiderio De Gyves Ruiz.
  x–177 p. cm.
  ISBN-13: 978-1719433402
  1. *Dīdxa-zā* 2. Zapoteco del Istmo 3. Lenguas indígenas 4. *Xigāba* 5. Numeración 6. Sistema vigesimal i. De Gyves Ruiz, Desiderio, (1940–   ).
  ii. Título.

Todos los derechos reservados. Queda prohibido reproducir o transmitir todo o parte de este libro, en cualquier forma o por cualquier medio, electrónico o mecánico, incluyendo fotocopia, grabado o cualquier sistema de almacena-miento y recuperación de información, sin permiso de Desiderio De Gyves Ruiz.

Producido en Juchitán
Printed by CreateSpace

Vocales y tonos

En *Rùnda Dīdxa-Zā*[1], material de lectura en *dīdxa-zā*, comenzamos a usar acentos que indican el tono usado en la pronunciación, los detalles técnicos se expusieron en el artículo *Escritura en Dīdxa-Zā, una propuesta usando LuaLaTeX*[2]. Ambas obras se pueden descargar libremente en https://ruunda-diidxazaa.mi-libro.club.

A continuación presentamos un resumen.

Las vocales son:

Normales: a, e, i, o, u.

Cortadas: a', e', i', o', u'.

Quebradas: aa, ee, ii, oo, uu.

En *dīdxa-zā*, se emplean los tonos bajo, medio y alto, con los cambios ascendente, descendente y ambos: descendente-ascendente.

En el caso del tono bajo, la vocal puede ser sencilla o ligeramente alargada.

Una vocal sin acento se pronuncia en tono medio.

El tono alto se denota con un *acento agudo*, ´ , sobre la vocal, como en *cadúxhu*: ladra, que se pronuncia como el acento tónico en la palabra *pájaro*, es decir   .

Las vocales sencillas en tono bajo van acentuadas con un *acento grave*, ` , como en *gù*: camote, que se pronuncia   .

Cuando van en tono bajo alargado, las vocales, como lo indica la descripción, se alargan un poco. Se denota el tono bajo alargado con una raya horizontal sobre la vocal, símbolo llamado *macron*, ¯ , unicode U+0304, como en *guēza*: cigarro, que se pronuncia en tono bajo alargando *un poco* la *e*, es decir   .

La combinación *ascendente* de tonos parte del tono medio y sube sin interrupción, la denotamos con el símbolo llamado *combinación macron-agudo*, ̄́ , unicode U+1DC4. Se percibe como una vocal un poco alargada que va subiendo el tono, como en *guirā̋*: todo, que se pronuncia   .

---

[1] Desiderio De Gyves Ruiz y Manuel López Mateos. *Rùnda Dīdxa-Zā. Tī Preu*. Juchitán: MLM editor, 2018. ISBN: 978-6079799311. URL: http://bit.ly/2IxWurZ

[2] Manuel López Mateos y Desiderio De Gyves Ruiz. *Escritura en Dīdxa-Zā, una propuesta usando LuaLaTeX*. 2018. URL: https://goo.gl/EPg7ar

La combinación *descendente* de tonos parte del tono medio y baja sin interrupción, la denotamos con el símbolo llamado *combinación macron-grave*, ̄ ̀, unicode U+1DC6. Se percibe como una vocal un poco alargada que va bajando el tono, como en *biduā̀*: plátano, que se pronuncia bidua.

Las vocales cortadas se pronuncian como su nombre lo indica hay una brusca interrupción de la sílaba, como en *co'*: no.

Las vocales quebradas se pronuncian separadas, no es una vocal alargada sino la misma vocal pronunciada dos veces, la primera en tono medio o tono bajo alargado o alargado descendente y la segunda lleva el acento del tono de quiebre, como *gueèla'*: noche, que quiebra en tono bajo y se pronuncia gue-ela; o *liíbi*: amarrado, que quiebra en tono alto y se pronuncia li-ibi; o como en *Chūú*: vamos, que se pronuncia Chuu-u.

Con la notación anterior, el guiso de iguana con chile y tomate silvestres, se escribe

guchāchí-guiìña,

ilustramos su pronunciación:

guch_aachⁱ-gui-_iña.

Lo resumimos en la tabla siguiente; en la primera columna el acento (colocado sobre la letra *a*), en la segunda su nombre y en la tercera su uso.

á	agudo	alto
à	grave	bajo
ā	macron	bajo alargado
ā́	macron-agudo	ascendente
ā̀	macron-grave	descendente
aá	agudo al final	quiebre en alto
aà	grave al final	quiebra en bajo
àá	macron-grave/agudo	desciende/ quiebra en alto

Acerca de las consonantes, por ahora sólo diremos que hay dobles, mismas que indicamos con un macron inferior, ̱, unicode U+0331, bajo la letra.

En el caso de la letra *l*, hay que insistir en que su pronunciación doble *no* es como la letra *y* en español, como en la palabra *oye*, sino que la primera *l* es parte de la primera sílaba y la segunda va con la sílaba siguiente, como *beḻe*: flama, que se pronuncia bel-le.

Finalmente colocamos la ligadura, ‿, con el símbolo *double breve below*, unicode U+035C que usamos para indicar que dos palabras se pronuncian casi como una sola, *Rarí‿ngá*: Acá es.

En *Rūnda Dīdxa-Zā*, p. 5, mencionamos que "hay matices, cambios y adecuaciones en el uso de los tonos". Hay vocablos que cambian la entonación dependiendo si van solos o preceden a otro para formar una palabra compuesta, por ejemplo *diìdxa*, que significa[3]: palabra, idioma, razón, causa, concepto, discurso, asunto, plática, argumento, tesis, ciencia, proverbio, etc., la vocal *i* se pronuncia en tono quebrado hacia abajo, cuando se pronuncia solo, pero se pronuncia con tono bajo alargado cuando va con otra palabra, *dīdxa-zā*: zapoteco o idioma de los *Zā*, se pronuncia .

Otro vocablo que cuando se usa solo, la primera vocal quiebra en bajo y cuando se usa con otra palabra la primera vocal se pronuncia con tono bajo alagado, es *guiìdxi*: pueblo, ciudad, lugar, se pronuncia . Cuando acompaña a otra palabra, *Guīdxi-guie'*: lugar de las flores, Juchitán, se pronuncia con tono bajo alargado .

Desiderio De Gyves Ruiz
deyodegyves@gmail.com
2 de junio de 2018

---

[3] Gregorio López y López. «La Filosofía de los Zapotecas». En: *Revista de la Facultad de Filosofía y Letras de la Universidad Nacional Autónoma de México* 57-58-59 (1955). URL: https://goo.gl/ZvES2j

Dedicatoria: A mis padres Gastón y Bertha; a mi querida y amada esposa, Na Mary-Deyo; a mis hijos, en especial a Alexander.

Agradecimientos: A mis hermanos Gastón, Esila y Aurelio (+), parientes y amigos que me animaron y apoyaron en el logro de este esfuerzo cuyo objetivo es el rescate, revaloración y desarrollo de la numeración zapoteca.

A los inmortales:

Profesor Luis Pineda Cruz, que en 1950 talló en mi mente la convicción de que en la técnica del aprendizaje, la utilización del lenguaje zapoteco es una herramienta fundamental para relajar el ambiente tenso y de temor que provoca la utilización de un idioma ajeno al materno.

Profesor José Pineda López, charista, visionario y fundador del Instituto Tecnológico Regional del Istmo, quien el primero de febrero de 1964, me invitó a colaborar en ese instituto, avivando mi vocación de maestro en el área de física y matemáticas.

Contador Macario Matus, ex director de la casa de la Cultura de Juchitán.

Profesor Enedino Jiménez Jiménez, con quien coincidí en luchas sociales y sindicales, además de ampliar nuestro bagaje lingüístico zapoteco referido, de su parte, a temas de poesía y de la literatura universal; de la mía, a temas técnicos y científicos.

Mayor Leopoldo De Gyves Pineda, compañero, amigo, hermano, siempre al lado de los desposeídos, porfiado cazador de gazapos, de elegante e incisiva prosa, de quien mucho aprendí y disfruté de la paz que emana la infinitud del universo en nuestras frecuentes observaciones célicas.

A los muchos Andrē y Abel, que me transmitieron el amor a la madre naturaleza, al sol, la luna, al aire, al mar; a respetar y defender nuestro entorno, formas de vida y cultura.

Al Doctor Alberto Reyna Figueroa, tenaz luchador y defensor de causas justas, conocedor y promotor de nuestra lengua materna, quien gestionó e hizo posible esta publicación.

Colaboraron en la edición y revisión:

Apoyo y signos lingüísticos: Elsa Leonarda De Gyves Gómez.

Captura: Yesenia Ruiz Vásquez.

Imágenes: Iván Arana.

PRÓLOGO

El propósito de este esfuerzo es compartir mi experiencia docente, estudios bibliográficos, vivencias fraternales y lúdicas, con maestros, alumnos y personalidades que comparten conmigo el deseo de desarrollar y revitalizar los rasgos más significativos de nuestra identidad, en especial la lengua materna y el sistema numeral mesoamericano.

El uso de la lengua materna en la enseñanza de las matemáticas, cimentadas en técnicas pedagógicas del sistema vigesimal mesoamericano, genera la confianza y la motivación que propicia una cabal comprensión de los temas a tratar; efecto contrario al que provoca una educación globalizada con la memorización de signos arbitrarios y una deficiente comunicación lingüística, inducida por el uso de un idioma distinto al materno.

¿Qué ventajas tiene utilizar el Sistema Vigesimal Mesoamericano? La manera de figurar las cifras, ya que utiliza únicamente tres elementos, el punto, la sucesión de ellos (la línea) y el cero, que en rigor carecen de dimensión evitando así el uso de signos arbitrarios, la memorización y el empleo de tablas porque al mostrar la disposición de las cifras, facilita la comparación y correspondencia entre las diversas magnitudes que se suman, restan, multiplican o dividen, sobre todo en los inicios del aprendizaje, cuando existe un potencial rechazo a esta fascinante disciplina.

Demostrar que todas las grandes culturas mesoamericanas utilizaron la misma estructura, secuencia, el cero y el valor relativo de los números, corresponde a otros campos de estudio. Sin embargo, estoy convencido que el reacomodo de los nombres y números zapotecas en la estructura y secuencia vigesimal mesoamericana con el tiempo ofrecerá nuevas habilidades y aptitudes para un mejor manejo de las técnicas contables basadas en la intuición y razonamiento.

En este pequeño texto de escasas 100 cuartillas he puesto todo el empeño, la disposición de más de 20 años de trabajo, que a través de charlas, consultas y conceptualizaciones, basadas especialmente en el libro *Arte en Lengua Zapoteca* de Fray Juan de Córdova, he realizado.

XIGĀBÁ BĪNNIZĀ ha sido el resultado tangible de esta decisión, en él se consignan los nombres y la secuencia de los números zapotecas tal como en el libro de Fray Juan de Córdova.

Espero que el lector disfrute tanto de él, como yo de su elaboración. Dejo pues, a su juicio y criterio si este esfuerzo ha sido o no en balde.

YĀZA

NINÉ GUI'CHI' DI'……………………………………………8

RA CAZAÀCA CHUPPÁ RIGŌLA……………………12

XHIGĀBÁ-GULA'SA'………………………………16

GUĒNDA RUCHAÀGÁ…………………………………38

GUĒNDA RIBEÈ………………………………………….48

GUĒNDA RUTĀLÉ……………………………………….56

GUĒNDA RIGUIÌZÍ……………………………………….68

NDÀÁ GUIDÚBI…………………………………….84

GUĒNDA RUTĀLÉ NDÀÁ GUIDÚBI…………………98

XIGĀBÁ GA'CHI SĀCA……………………………….104

XIGĀBÁ DECHIÌ………………………………….112

GUĒNDA RUCHAÀGÁ………………………………..134

GUĒNDA RIBEÈ………………………………………..142

GUĒNDA RUTĀLÉ……………………………………..148

GUĒNDA RIGUIÌZÍ……………………………………..154

GUĒNDA RIDĀLÉ-LISAÀ XIGĀBÁ…………………162

XIGĀBÁ HUALA'DXI'…………………………….168

GUĒNDA RUCHAÀGÁ………………………………..172

GUĒNDA RIBEÈ………………………………………..176

GUĒNDA RIGUIÌZÍ……………………………………..178

GUĒNDA RUTĀLÉ……………………………………..180

ÍNDICE

CONTENIDO..9
EL REENCUENTRO DE DOS CAMPESINOS...............................13
NUMERACIÓN MESOAMERICANA...17
SUMA..39
RESTA...49
MULTIPLICACIÓN...57
DIVISIÓN..69
FRACCIONES COMUNES..85
MULTIPLICACIÓN DE FRACCIONES COMUNES........................99
ECUACIONES..105
NUMERACIÓN DECIMAL..113
SUMA..135
RESTA...143
MULTIPLICACIÓN...149
DIVISIÓN..155
POTENCIAS..163
NUMERACIÓN TRADICIONAL..169
SUMA..173
RESTA...177
DIVISIÓN..179
MULTIPLICACIÓN...181

NINÉ GUI'CHI DI'

Guicáyūnú xiñeè bīṉi-huanísí qui riziìdí, qui rucaà-la'dxi néca nùú dxú ché-ca', naquiìñe guyùbinú xiñeè zacá cazaàca, tī zḗ-dxī zidālé bīṉí qui gaṉa gui'chi', ziyaàna lū gubīdxa nḗ xquēndazī. Naquiìñe guinínú xcuāná guēnda-nanā di', cádi gulābi bīṉí dīdxa-dxú cuchē ne caguīte īque, pā dxandī nùú dxú guiziìdí bīṉi-laànú lá, gusaàna xtīdxa-la'si'.

Lū gui'chi' rudiì-lisaà dxú zēda-nḗ bia' bīṉí rini'-ru' xtīdxa-jñáa, rusuhuīṉi náca-runú stālé, nḗ gadxē-gadxē diìdxa; dxú cā gusiìdi-nḗ xtiìdxa, cádi guirá tu riēne scāsi-zḗ, nagāna-ca chḗ quiba' dānī, sā lāde le'; gāsti-ca nēza-ro' chḗ tu chīúsiìdí, jmá-ru' zāndaà guiziìdi'.

Ca xa-īque qui ridxēla diìdxa gucaàchi xiñeè stālé bīṉi-huanísí rucaà ñḗ-yū chḗ chiziìdí, qui rulābi tu cusiìdí, qui rucābí diìdxa. Xī rizâca-ya', qui rindaà rixhāca-la'dxi, qui riē, ne tu riāná, *huāxie' riziìdí*.

Stālé bīṉi-laànú nāṉa xī cā-īque dxú gūni, chāhui-chaàhui guchaà diìdxa huadiì-lisaà guīdxi, chāhui-gā gusiaànda xpia'; dxú nùú guindá-lisaà, guindēté stípa, xhiāna huaguíñe ne huayūsíxoòñe tutīca laà huayēda guinīnā guīdxi, nagāsí xiāna cadá, tī cayuùya bīṉí xī cayūni ca xaīque guīdxi, tōbisí laà nḗ bīṉí nàpā, cusúga'de ni bisaàna-nḗ ca bīṉizā xquīdxi.

CONTENIDO

Abordar con sensatez y mesura las causas que provocan una deficiente educación en la población indígena, cuya consecuencia es el marcado índice de analfabetismo y de marginalidad que prevalece en nuestro estado, requiere de un análisis sincero y veraz que contemple, además de las gastadas disculpas y evasivas, enfrentar este problema con firmeza y determinación.

Las estadísticas oficiales confirman que en la entidad subsiste una considerable población indígena con diversidad lingüística, sin un adecuado manejo de la lengua española, aunado a esto, la complicada orografía dificulta el acceso de personal capacitado para brindar una óptima educación.

Las autoridades educativas no pueden ocultar que este empeño ha tropezado con la rebeldía de los propios indígenas, manifestada en apatía y resistencia a aprender una lengua, el español; ¿las consecuencias? *deserción* y *bajo rendimiento*.

Muchos indígenas intuyen que los programas oficiales, buscan debilitar el rasgo más importante de identidad y de unidad, el cual es la lengua materna, y que la castellanización tiene como uno de sus objetivos, minar el ánimo y el coraje que ha caracterizado al pueblo indígena contra los poderes fácticos y entreguistas. Hoy, la política educativa más que educar busca debilitar la herencia de nuestros ancestros.

Guiziìdí bīn̠í qui gàpá ni gō, nabēza stūbi, naquiìñe guiziìdí-né ti diìdxa gānda guiēne, tí gucābí scāsi zé, scāsi-ca nini'-né bīn̠i-xquīdxi, jmá-rusí pá gūna ni chíúsiìdí chu' né "xi nûú xa-tu", guināba-diìdxa tōbi-tōbi tu laá, tu nācá, xí cudiē-laà ne xiñeè dīdxa-zā chiziìdí-né, qui zāndâ rabé zuchaà xpia', zucaà-la'dxi', zaziìdi'.

Rūni ngá gui'chi' dí zeèda-né stālé gēnda-biaàní nēza *dīdxa-zā*, biziìdé ne bisiìdé, tí tōbi-sí xquēndá, xpia'ya' né bīn̠í rañâ, bīn̠í ridxaàgá, ne zaquēcá ca bīn̠í cucaà-lū gudxuguētá dxú nēza xlayū, cádi guiládxi mâní nīza-dō rudiì ni gō bīn̠i-lídxi.

Nēca *XIGĀBÁ BĪNNI-ZĀ* chíúziìdí gucaà ne gu'nda bīn̠í rini' dīdxa-zā, lâcá zāndá iquiìñeni bīn̠í qui rini' stiìdxanú, pá gucaà-la'dxi', cádi gācá-lūgú ne ché chāhui-chaàhuí.

Alfabetizar a un sector de la población, siempre relegado, discriminado y reprimido en sus propias comunidades, requiere de una comunicación fluida, de comprensión llana y fácil respuesta como la que se da entre dos personas que hablan el mismo idioma. Si el maestro saluda con: xi nũú xa-tu", luego entabla un diálogo cordial con preguntas como: ¿quiénes son, cuál es su labor y el porqué de la instrucción en zapoteco? los recelos acumulados se irán atenuando.

Por tanto, el uso de la lengua zapoteca en este trabajo es el que aprendí y enseñé, con base en mi experiencia docente, lecturas, afinidad ideológica con campesinos, amigos y organizaciones democráticas que pugnan por recuperar sus recursos naturales.

Aun cuando el método está diseñado para alfabetizar a hablantes del zapoteco, puede servir como apoyo a personas que no lo hablan, pero desean aprenderlo.

RA CAZAÀCA CHUPPÁ RIGŌLA

Guzulú-nú nế stīdxa chuppá bīṉí bīniìsi rañà, Abel ne Andrē. Guirōpáca', gudxīte ne xhiìñà' rañà biziìdi-ca'. Bedandāá-dxī chiziìdi-ca xtī guīdxi; Abel bigaànda xquēnda-zí bīṉi-lìdxi gūnda guyē yeziìdí xquīdxi dxú, Andrē co' qui ñế di', tī quī nusuguēnda bixhōze ne bīṉi-lìdxi.

Gūdi'di stālé-īza, raquè-rú Abel beèda bi' xquīdxi, beèda-usiìdí guirá bīṉi-huanísí guiāle-la'dxí; zaquēcá, bīṉi-laànu nabēza gāxha tī qui chu' tu quīte', guninā ne cuāná laà-ca', guēnda rusiìdí guca' xhiìñà Abel xquīdxi dxú.

Andrē, xpia' bīṉi-yoò bianá-nế, ni gúnda biziìdí dxī nahuiìni chāhuichaàhuí bisiaànda nế xhiìñà rañà, huaxhie'-ca tu rini'-nế dīdxa-stiā chāhuiga bizulū bidxiì dēche stiìdxa-dxú, huāxa bianá-nế xquēndarugaba'.

Tī dxī siado'-guie' Andrē birè zế zenduzá guīxi rañà, mălasí bidxagalū Abel. Bizaàca-sīca', Abel bizulū guni' xī zēdagu-ní xquīdxi, xī nucaàīque: gusiìdí Andrē ne bīṉi-huanísí qui gáṉa gui'chi' gúsiguēnda.

Andrē, qui ninā-dí, Abel binā-sí stiìdxá Andrē, birāgucuā niziìdi-bé gui'chi', zaquế-zaquế bīú Abel nucuùdxí Andrē, tī diìdxa irēé-nế Abel, Andrē rucābí chuppá, raquế ngá gūni' Andrē, tī gusigāni Abel: "ziāá zeziìdé, huāxa liì gusiìdú naà ne stiìdxa-nú.

Naàxa Abel, tī nāṉá bia' nagāna guicà ne guiúnda' tī diìdxa nàpa' ra rīgaà, rigui'ba, riēte ne ricaàna xtīdxi. Quinā-quinā-ca Abel bīguùdxi, bizūguēnda, Andrē bisuguaà lū xtiìdxa, qui nindà guyē yeziìdí'.

EL REENCUENTRO DE DOS CAMPESINOS

La metodología se apoya en un diálogo entre dos campesinos, Abel y Andrés. Ellos crecieron, jugaron y aprendieron a trabajar la tierra. Abel pudo continuar sus estudios en otra ciudad a pesar de las privaciones económicas, Andrés no, debido al impedimento de su padre y demás familiares.

Luego de muchos años, Abel regresa a su tierra como maestro dispuesto a alfabetizar a todo aquel que así lo desee, también, a los demás adultos de los pueblos vecinos para evitar que sean víctimas de robos y engaños.

Andrés, creció aferrado a sus costumbres, el castellano que aprendió de niño lo fue olvidando poco a poco en virtud de su entorno campesino, no así su habilidad para numerar.
Un día muy temprano, Andrés camino a su rancho se encuentra de pronto con Abel, después de saludarse afectuosamente, Abel aprovecha el momento para explicarle el porqué de su llegada y sus intenciones de alfabetizarlo a él y a otros adultos.

Andrés no acepta, pero Abel trata de convencerlo infructuosamente, y ante las mil razones que argumenta, Andrés responde con mil y una evasivas.
Finalmente, Andrés condiciona su aceptación a que las clases sean en su lengua materna.
Abel se encuentra reacio a someterse a esta condición, por la dificultad que presenta una lengua tonal y silábica en su lectura y escritura, pero su aceptación hace que Andrés finalmente cumpla con su promesa.

Ca diìdxa cá lū dxiìñā di' zeèda caàdxí duùba biziìdí-nḗ Andrē ni cá lū gui'chi' lá *GUBĪDXA*, laà-ca rusuhuīn̲i ra rigui'ba, riēte, ricaàna dīdxa-ndāse canínu, tī stīdxa-nú ruchaà bia' zigüīnu diìdxa.

Ca dīdxa-biúxe rudxiìbá rīdxi, sicari' ricā: á, é, í, ó, ú, scási ra canīú: léle, yúze, líli, bízi, ná.

Ca dīdxa-biúxe riēte ne rīgaà xrīdxi: ā, ē, ī, ō, ū, scási tōbi, xunāxi, xū. Gubīdxa, xībi, nā.

Ca dīdxa-biúxe rindēte ne quirīgaà xrīdxi: à, è, ì, ò, ù.
Ra ricaàna rīdxi: a', e', i', o', u', scási: i' bi'cu', cha'ca, pe'pe'.

Lū yāza *v* zeèda guirā duùba cului' xnēza ricaà luguiá ca diìdxa biúxé, ruchaà xtīdxi.

La Ortografía empleada en este trabajo, es la que utilizó Andrés en su aprendizaje con el libro *GUBĪDXA,* que usa en su escritura signos que facilitan la lectura de una lengua tonal y silábica como el zapoteco, en sus cambios de tono, cortes, ligaduras, etc.

Las vocales tónicas se representan así: á, é, í, ó, ú, como en léle, yúze, líli, bízi, ná.

Las vocales con tono bajo alargado: ā, ē, ī, ō, ū, tōbi, xunāxi, xū. Gubīdxa, xībi, nā.

Vocales graves: à, è, ì, ò, ù laà, ñaà, bireè, bicaà, bizaà.

Vocales cortadas: a', e', i', o', u', como en i' bi'cu', cha'ca, pe'pe'.

En la página *v* hay una explicación más completa.

XHIGĀBÁ GULA'SA'

-Andrē; biziìdu gui'chi', ni nānda yāna, gusiìde liì ugābú nēza bigāba bīniza.

-Zacá bizétú, gadxē-xa nēza bigāba bīniza.

-Yā, Andrē; dxú bédа, tí qui ñēne xigāba stīnú, biquiìdxi xigāba bédané.

-Abel, nēza bigāba bīniza ngá chīúziìdu naà nja'.

-Yā, gūtanā yāna, tí ma chīúsulúnu.

-Abel, nāná gugāba', bīna gu'yú: tōbi, chuppá, chōná...

-Jnēza Andrē, xiìnga... chùúnu chāhui-chaàhuí.

Bīniza bitiē xhigābá né bidóla, rrarrá, ne tōbi narīga qui gàpásāca. Gula'sá bizūlù bichaàgá tōbi-tōbi bidóla, ra yendāá gaàyú bicaà tī rrarrá; xigābá xhoòpá, gādxé, xhōnó, né ga', bidiē-né tōbi, chuppá, chōná ne tāpa bidóla ricā luguiā rrarrá-degaàyú.
Chiì, né chuppá rrarrá.

Cádi guiaàndá Andrē; gadxē lā bidiì bīniza ca xigāba di', huīdxé-gá ma gābé liì xiñē.

> *Chāga* risāca tōbi, zadiē-né tī bidóla: ●
> *Cāto* risāca chuppá, zadiē-né chuppá bidóla: ● ●
> *Cāyo* risāca chōná, zadiē-né chōná bidóla: ●●●
> *Taà* risāca tāpa, zadiē-né tāpa bidóla: ●●●●
> *Gaàyú*, zadiē-né tī rrarrá: ━━━

NUMERACIÓN MESOAMERICANA

-Andrés, ya aprendiste a leer, ahora te voy a enseñar a numerar como lo hicieron los zapotecos.
-Eso me habías dicho, ¿los zapotecos contaban de otra forma?
-Sí, los españoles no la entendieron y por eso los obligaron a numerar como ellos.
-Abel, ¿la numeración zapoteca es la que me vas a enseñar?
-Sí, ahora pon atención, vamos a empezar.
-Abel, sé contar en zapoteco, escucha: tōbi, chuppá, chōná...
-Sí Andrés, pero no te aceleres, vamos poco a poco.

Los zapotecos figuraron los números con puntos, rayas y un número sin valor.

Empezaron sumando puntos uno a uno, al llegar a cinco, los alinearon formando rayas; los números seis, siete, ocho y nueve con uno, dos, tres y cuatro puntos arriba de una raya.

El diez con dos rayas.

No olvides Andrés, que los zapotecos a los números mencionados les dieron otro nombre, te los enseñaré próximamente.

> - *Chāga* es uno, se figura con un punto: ●
> - *Cāto* es dos, se figura con dos puntos: ●●
> - *Cāyo* es tres, se figura con tres puntos: ●●●
> - *Taà* es cuatro, se figura con cuatro puntos: ●●●●
> - *Gaàyú* es cinco, se figura una raya: ▬▬▬

- *Gaàyú-bichāga* risāca, xhoòpá, zadiê-nế tī bidóla dxi'ba lū tī rrarrá:
- *Gaàyú-bicāto* risāca gādxé, zadiê-nế chuppá bidóla dxi'ba lū tī rrarrá:
- *Gaàyú-bicāyo* risāca xhōnó, zadiê-nế chōná bidóla dxi'ba lū tī rrarrá:
- *Gaàyú-bitaà* risāca ga', zadiê-nế tāpa bidóla dxi'ba lū tī rrarrá:
- *Chiì*, zadiê-nế chuppá rrarrá:
- *Chiì-bichāga* risāca chiì-bitōbi, zadiê-nế tī bidóla dxi'ba lū chuppá rrarrá:
- *Chiì-bicāto* risāca chiì-bichuppá, zadiê-nế chuppá bidóla dxi'ba lū chuppá rrarrá:
- *Chiì-bicāyo* (*chiìñú*) risāca chiì-bichōná, zadiê-nế chōná bidóla dxi'ba lū chuppá rrarrá:
- *Chiì-bitaà*, risāca chiì-bitāpa, zadiê-nế tāpa bidóla dxi'ba lū chuppá rrarrá:
- *Chiìnu* risāca chiì-bigaàyú, zadiê-nế chōná rrarrá:
- *Chiìnu-bichāga* risāca chiì-bixhoòpá, zadiê-nế tī bidóla dxi'ba lū chōná rrarrá:
- *Chiìnu-bicāto* risāca chiì-bigādxé, zadiê-nế chuppá bidóla dxi'ba lū chōná rrarrá:

- *Gaàyú-bichāga* es seis, se figura con un punto encima de una raya:
- *Gaàyú-bicāto* es siete, se figura con dos puntos encima de una raya: 
- *Gaàyú-bicāyo* es ocho, se figura con tres puntos encima de una raya: 
- *Gaàyú-bitaà* es nueve, se figura con cuatro puntos encima de una raya: 
- *Chiì* es diez, se figura con dos rayas: 
- *Chiì-bichāga* es once, se figura con un punto encima de dos rayas: 
- *Chiì-bicāto* es doce, se figura con dos puntos encima de dos rayas: 
- *Chiì-bicāyo* (*chiìñu*) es trece, se figura a con tres puntos encima de dos rayas: 
- *Chiì-bitaà*, es catorce, se figura con cuatro puntos encima de dos rayas: 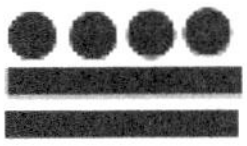
- *Chiìnu* es quince, se figura con tres rayas:
- *Chiìnu-bichāga* es dieciséis, se figura con un punto encima de tres rayas: 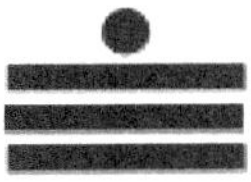
- *Chiìnu-bicāto* es diecisiete se figura con dos puntos encima de tres rayas

- *Chiìnu-bicāyo* risāca chiì-bixhōnó, zadiê-nế chōná bidóla dxi'ba lū chōná rrarrá:
- *Chiìnu-bitaà* risāca chiì-biga', zadiê-nế tāpa bidóla dxi'ba lū chōná rrarrá:

Andrē, nế stī ndāga zazaà gāndé,

Nāná Abel, xiñeè ya'.

-Tí ra yendâá gula'sá gāndé, guleè-sá tī xigābá narīga quī gàpá sāca, ni gúca-nế nugābá-ca scāsi zế ca bia'tiìcasí cagābá. Xigābá rīga bidiê, sīca ridiê bīchu'.

-Abel; gāndé zadiê-nế tāpa rrarrá lá.

-Co' Andrē gula'sá bi'ní tāpa rrarrá tī bidóla bicaà luguiã ne bisaàná tī bīchu' ra gucuā ndāga; bidóla di' bisāca tī degāndé, yāna ma nanú, bidóla quiìba luguiã zadālé gāndé.

Néca gula'sá qui nutiê xigābá, nagāsi laà-nú ca degāndé nế gayuaà chīútie'nu yaàse-catē, tí cádi guidxē lū-nú.

- *Gāndé*: ridiênế tī bīchú xa'na tī bidóla.

- *Toaà (chuppá degāndé)*: ridiê chuppá bidóla yaàse-catē dxi'ba lū tī bīchú-yaàse'.

➢ *Chìinu-bicāyo* es dieciocho, se figura con tres puntos encima de

tres rayas:

➢ *Chinuì-bitaà* es diecinueve, se figura con cuatro puntos encima

de tres rayas:

Andrés, con otro punto se llega a veinte.

Lo sé Abel ¿por qué?

-Cuando los mesoamericanos numeraron veinte, idearon un número sin valor que permitió operar con celeridad cualquier número. Se representó con una concha.

-Abel, ¿veinte se figura con cuatro rayas?

-No Andrés, las cuatro rayas las convirtieron en un punto que subieron, el vacío lo ocupó un cero, el punto ahora vale una veintena; todo punto que sube aumenta su valor veinte veces.

Aunque los zapotecos no coloreaban sus números, las veintenas y centenas las pintaremos de gris oscuro, para no confundirnos.

➢ *Gāndé* es veinte, se figura con un punto y una concha.

➢ *Toaà* (*dos veintenas*): es igual a dos puntos gris oscuro, encima de una concha negra.

- *Cāyoaà (Cāyonaà, chōṉá degāndé)*: ricā-nḗ chōṉá bidóla yaàse-catē, xaguētē tī bīchú-yaàse'.

- *Taà (tāpa degāndé)*: ricā-nḗ tāpa bidóla yaàse-catē lū tī bīchú-yaàse'.

- *Gayuaà (gaàyú degāndé)*: ricā-nḗ tī rrarrá luguiǎ tī bīchú-yaàse'.

- *Chiaà (chiì degānde)*: ricā-nḗ chuppá rrarrá yaàse-catē luguiǎ tī bīchú.

- *Chinuaà (chiìnu degāndé)*: bidiê-nḗ chōṉá rrarrá yaàse-catē luguiǎ tī bīchú.

- *Tī gue'la (gāndé degāndé)*: bidiê-nḗ tī bidóla-yaàse-bitĕ, galâá tī bīchú yaàse-catē ne xaguētē tī bīchú-yaàse'.

- Xiñeè cádi nini'-ca nēza chuppá-chōṉá degāndé ya'.
Jmá narénda nēza bigābá bīṉi-góla.

-Co', Andrē, nguēca-ní, bicaà-diāga:
- *Toaà*: biālé ra biguiìdí *to*, xtiìdxa *tōpa*, nḗ (*aa*).
- *Cayoaà*: reèda ra riguiìdí *cāyo* ne chuppá (*aa*).
- *Taà*: zeèda lū xtiìdxa *Tāpa*.

- *Cayoaà (tres veintenas)*: se figura con tres puntos sobre una concha negra.

- *Taà (cuatro veintenas)*: se figura con una concha bajo cuatro puntos.

- *Gayuaà (cinco veintenas):* se representa con una raya gris oscuro sobre una concha.

- *Chiaà (doscientos):* dos rayas gris oscuro sobre una concha.

- *Chinuaà (trescientos)* se representa con tres rayas gris oscuro sobre una concha.

- *Tī gue'la (veinte veintenas)* se representa con un punto gris claro y dos conchas abajo, una gris oscuro y una negra.

-¿Por qué no contaban por veintenas?

Se ve más difícil, así como lo hacían los ancestros.

-No Andrés, es lo mismo, pon atención:
- *Toaà*: se origina de to, de *tōpa* y de dos (*aa´*s).
- *Cayoaà:* se origina de *Cāyo* y de dos (*aa´*s).
- *Taà*: se origina de *Tāpa*.

- *Gayuaà*: zeèda ra riguiìdí *gaàyú* nế chuppắ (*aa*).
- *Chiaà*: zeèda ra biguiìdí *chiì* nế chuppắ (*aa*).
- *Chinuaà*: zeèda ra biguiìdí *chiìnu*, nế chuppắ (*aa*).

Andrē, gáṉu-cōú, nùú xigābá nāpắ chuppắ-chōṉá lā:
- *Tōbi*: ziēte ra cagābá bīṉí, māní, dxīta ne guirá ni naguīdxí.
- *Chāga:* xigābá tōbi gula'sa' binīti.
- *Tī:* dīdxa-chūcu tōbi.
- *Ndāga:* riēte ra cagābá yūzé, dēndxu', zīṉa.
- *Chū:* ra cayēte tī xhīdxi, tī xībi, tī diāga, tī guiē-lū, tī nắ, tī ñề, zanínu tī chū.
- *Cāto, Tōpa* ne *Chuppắ* nguéca risāca.
- *Cāyo*, ne *Chōṉá* tōbisi-ca'.
- *Taà* ne *Tāpa* ngué-ca risāca.

- Abel, lāga pắ guùya, rrarrá xaguēté ya'.

-Gāstí nāca Andrē, bichaàga-caní. Yāṉa gusiso'no' xigābá.

- *Tī gue'lá, tī gayuaà,* (*gaàyú gayuaà*) ricā: luguiắ tī bidóla yaàse-bitế, galằá tī rrarrá yaàse-catē, xaguēté tī bīchú yaàse'.

- *Tī gue'lá-chiaà (xhoòpắ gayuaà)* ricā: tī bidóla yaàse-bitế luguiắ, chuppắ rrarrá yaàse-catē galằá, ne tī bīchú yaàse' xaguēté.

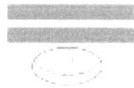

- *Gayuaà*: se origina de *gaàyú* y de dos (*aa´s*).
- *Chiaà*: se origina de *chiì* y de dos (*aa´s*).
- *Chinuaà*: de la unión de *chiìnu* y dos (*aa´s*).

Andrés, debes saber, existen números que tienen varios nombres:
- *Tōbi*: para referirse a personas, animales, huevos y sólidos.
- *Chāga:* palabra en desuso que facilitaba a los zapotecos a contar con celeridad.
- *Tī*: apocope de tōbi.
- *Ndāga*: se utiliza para referirse a toros y borregos.
- *Chū*: se utiliza para referirse a uno de dos miembros del cuerpo, una rodilla, un ojo, una mano, una oreja.
- *Cāto* es lo mismo que Chuppǎ.
- *Cāyo* es lo mismo que Chōná.
- *Taà* vale lo mismo que Tāpa.

-Abel ¿Qué pasa si veo rayas?

-No pasa nada, cuéntalas, súmalas y sigue numerando.

- *Tī gue'la, tī gayuaà* (*quinientos*): arriba un punto gris claro, una raya gris oscuro en medio, una concha negra abajo.

- *Tī gue'la-chiaà* (*seiscientos*): un punto gris claro arriba, dos rayas gris oscuros en medio y una concha negra abajo.

> *Tī gue'la-chinuaà* (*gādxé-gayuaà*) ricā: tī bidóla yaàse-bité luguiă, galăá chōná rrarrá yaàse-catē ne tī bīchú yaàse' xaguēté.

> *Cātoe'la* (*xhōnó gayuaà*) ricā: chuppá bidóla-yaàse-bité luguiă, galăá tī bīchú-yaàse-catē ne xaguēté tī bīchú yaàse'.

> *Cātoe'la-gayuaà* (*ga' gayuaà*) ricā: chuppá bidóla yaàse-bité luguiă, galăá tī rarrá-yaàse-catē, tī bīchú-yaàse' xaguēte'.

> *Cātoe'la-chiaà* (*tī guixhiāpá*) ricā ně chuppá bidóla yaàse-bité luguiă, galăá chuppá rrarrá yaàse-catē, tī bīchú yaàse' xaguēte'.

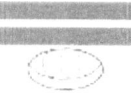

> *Gaàyúe'la* (*chuppá guixhiāpá*), ricā ně tī rrarrá yaàse-bité luguiă, tī bīchú yaàse-catē galăá, ne stī bīchú yaàse' xaguēte'.

- *Tī gue'la-chinuaà;* (*setecientos*): un punto gris claro arriba, tres rayas gris oscuros en medio y una concha negra abajo.

- *Cātoe'la (ochocientos):* se figura con dos puntos gris claros arriba, en medio una concha gris oscuro y una concha negra abajo.

- *Cātoe'la-gayuaà* (*novecientos*): dos puntos gris claros arriba, en medio una raya gris oscuro y una cocha negra abajo.

- *Cātoe'la-chiaà* (*mil*): dos puntos gris claros arriba, dos rayas gris oscuros en medio y una concha negra abajo.

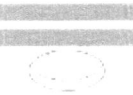

- *Gaàyúe'la* (*dos mil*): se figura con una raya gris claro arriba, una concha gris oscuro en medio y otra concha negra abajo.

> *Chiìe'la* (*tāpa guixhiāpá*), chuppá rrarrá yaàse-bitĕ luguiă, tī bīchú yaàse-bitĕ galăá ne stī bīchú yaàse' xaguēte'.

> *Gaàyú cātoe'la-chiaà* (*gaàyú guixhiāpá*), chuppá bidôla ne chuppá rrarrá yaàse-bitĕ luguiă, chuppá rrarrá yaàse-catē galăá ne tī bīchú yaàse' xaguēte'.

> *Chiïnue'la* (*xhoòpá guixhiāpá*), chōná rrarrá yaàse-bitĕ luguiă, tī bīchú yaàse-catē galăá, ne tī bīchú yaàse' xaguēté.

> *Gādxé cātoe'la-chiaà* (*gādxé guixhiāpá*), chuppá bidóla ne chōná rrarrá yaàse-bitĕ luguiă, chuppá rrarrá yaàse-catē galăá ne tī bīchú yaàse' xaguēté.

- *Chiìe'la* (*cuatro mil*): se figura con dos rayas gris claros arriba, una concha gris oscuro en medio y otra concha negra abajo.

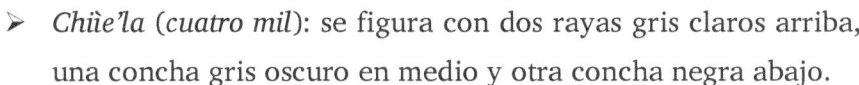

- *Gaàyú-cātoe'la-chiaà* (*cinco mil*): se figura con dos puntos y dos rayas gris claros arriba, dos rayas gris oscuros en medio y una concha negra abajo.

- *Chiìnue'la* (*seis mil*): se figura con tres rayas gris claros arriba de una concha gris oscuro en medio y una concha negra abajo.

- *Gādxé cātoe'la-chiaà* (*siete mil*): se figura con dos puntos arriba de tres rayas gris claros, dos rayas gris oscuros en medio y una concha negra abajo.

- *Bisōti (xhōnó guixhiāpá)*, tī bidóla quichi' luguiá ne chōná bīchú xaguēté (bitĕ, catē, yaàse').

Andrē, chīúcàá gaàyú xigābá nāpá bidóla nuchá rrarrá ne bīchú. Ndíngá laà-ca':
- *Tī gayuaà chiìnu-bicāto.*
- *Taà-bichiìnu.*
- *Chiaà cayoaà chiìnu-bichāga.*
- *Chinuaà taà chiì-bicāto.*
- *Chinuaà taà chiìnu-bitaà.*

Andrē, *tī gayuaà, chiìnu-bicāto* zacā-nĕ:
- Tī rrarrá yaàse-catē luguiá, Chuppá bidóla dxi'ba lū chōná rrarrá yaàse' xaguēté.

Taà-bichiìnu, zacā-nĕ:
- Tāpa bidóla yaàse-catē luguiá chōná rrarrá yaàse' xaguēté.

Chiaà cayoaà, chiìnu-bitōbi zacā-nĕ:
- Chōná bidóla dxi'ba lū chuppá rrarrá yaàse-catē luguiá xaguēté tī bidóla dxi'ba lū chōná rrarrá-yaàse'.

➢ *Bisōti* (*ocho mil*) se figura con un punto blanco sobre tres conchas (gris claro, gris oscuro, negra).

Andrés, voy a hacer cinco ejercicios en números zapotecos con puntos, rayas y conchas.

- ➢ *Ciento diecisiete.*
- ➢ *Noventa y cinco.*
- ➢ *Doscientos setenta y seis.*
- ➢ *Trescientos noventa y dos.*
- ➢ *Trescientos noventa y nueve.*

Andrés, *ciento diecisiete* se representa así:

➢ Arriba, una raya gris oscuro, abajo dos puntos negros sobre tres rayas negras.

Noventa y cinco, se escribe con:
➢ Arriba cuatro puntos gris oscuros sobre tres rayas negras.

Doscientos setenta y seis:
➢ Tres puntos sobre dos rayas gris oscuros arriba, abajo un punto sobre tres rayas negras.

Chinuaà taà chìi-bicāto zacā-nế:
> Tāpa bidóla dxi'ba lū chōṉá rrarrá yaàse-catē luguiǎ, chuppá bidóla dxi'ba lū chuppá rrarrá yaàse' xaguēté.

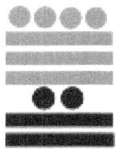

Chinuaà taà-chìinu-bitāpa zacā-nế:
> Tāpa bidóla dxi'ba lū chōṉá rrarrá yaàse-catē luguiǎ, tāpa bidóla dxi'ba lū chōṉá rrarrá yaàse' xaguēté.

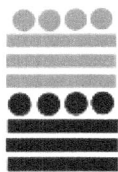

Gaàyue'la, chìinu zacā nế:
> Tī rrarrá yaàse-bitế luguiǎ, tī rīga yaàse-catē galǎá, chōṉá rrarrá yaàse' xaguēté.

Chìi gue'la, tī gayuaà gānde-bichāga zacā-nế:
> Chuppá rrarrá yaàse-bitế luguiǎ, tī bidóla dxi'ba lū tī rrarrá yaàse-catē galǎá tī bidóla xaguēté.

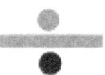

Chìinu-bicāyo gue'la, tī gayuaà, chìinu-bicāyo zacā-nế:
> Chōṉá bidóla dxi'ba lū chōṉá rrarrá yaàse-bitế luguiǎ, tī rrarrá yaàse-catē galǎá ne chōṉá bidóla dxi'ba lū chōṉá rrarrá yaàse' xaguēté.

Trescientos noventa y dos:
> cuatro puntos sobre tres rayas gris oscuros arriba, dos puntos negros sobre dos rayas negras debajo de ellas.

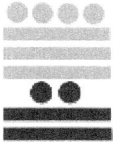

Trescientos noventa y cuatro se escribe con:
> cuatro puntos sobre tres rayas gris oscuros arriba, cuatro puntos sobre tres rayas negras.

Dos mil quince se escribe con:
> Una raya gris claro arriba, un cero, tres rayas negras abajo.

Cuatro mil ciento veintiuno se escribe con:
> Dos rayas gris claros arriba, un punto sobre una raya gris oscuro en medio, un punto negro abajo.

Siete mil trescientos dieciocho:
> Tres puntos arriba de tres rayas gris claros, una raya gris oscuro en medio, y abajo tres puntos encima de tres rayas negras.

Taàe'la chiaà, cayoaà-bi xhoòpá zacā-ně:
> Tāpa bidóla yaàse-bitĕ luguiã, galãá zacā chōṉá bidóla chuppá rrarrá xaguēté zacā tī bidóla cá lū tī rrarrá.

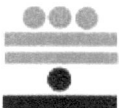

Chiìe'lá, tī gayuaà-gāndé, bichiìnu:
> Luguiã chuppá rrarrá, galãá zacā tī rrarrá tī bidóla xaguēté chōṉá rrarrá.

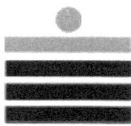

Chiìnu bitaàe'la, chinuaà-taà, chiìnu-bitāpa:
> Tāpa bidóla dxi'ba lū chōṉá rrarrá yaàse-bitĕ, galãá tāpa bidóla dxi'ba lū chōṉá rrarrá yaàse-catē, xaguēté tāpa bidôla dxi'ba lū chōṉá rrarrá yaàse'.

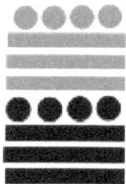

Mil ochocientos sesenta y seis:
- ➢ Cuatro puntos gris claro arriba, tres puntos y dos rayas gris oscuro en el segundo nivel, y un punto sobre una raya negra en el primero.

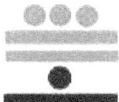

Cuatro mil ciento treinta y cinco:
- ➢ Dos rayas gris claro en el tercer nivel, una raya y un punto gris oscuro en el segundo, tres rayas negras en el primero.

Siete mil novecientos noventa y nueve:
- ➢ Arriba tres rayas y cuatro puntos gris claro, cuatro puntos encima de tres rayas gris oscuro en medio, tres rayas y cuatro puntos negros en el primero.

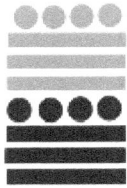

Tī bisōti, xhōnó gue'la, tī gayuaà chiù:
  ➢ Luguiă ricā tī bidóla, ra ricā gue'la chōṉá bidóla tī rrarrá, ra ricā degāndé tī rrarrá, chuppá rrarrá xaguēté.

Gaàyú-bisōti, chiù-bitaàe'la, chiaà, chiù-bicāto:
  ➢ Tī rrarrá luguiă, ra ricā gue'la tāpa bidóla chuppá rrarrá, ra riē degāndé chuppá rrarrá, chuppá bidóla chuppá rrarrá xaguēté.

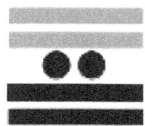

Gādxé bisōti, chiù-bichāgae'la, tī gayuaà gāndé zacā-nĕ́:
  ➢ Chuppá bidóla dxi'ba lū tī rrarrá quichi', tī bidóla dxi'ba lū chuppá-rrarrá yaàse-bitĕ, tī bidóla tī rrarrá xaguēté tī xigābá rīga.

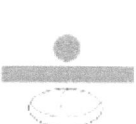

Once mil trescientos diez:
> ➢ En el cuarto nivel se coloca un punto blanco, en el tercero se colocan tres puntos y una raya, en el segundo nivel una raya gris oscuro, en el primero dos rayas negras.

Cuarenta y cinco mil ochocientos doce:
> ➢ Una raya blanca arriba, cuatro puntos sobre dos rayas gris claro, dos rayas gris oscuros y dos puntos sobre dos rayas negras abajo.

Sesenta mil quinientos veinte se figura con:
> ➢ Dos puntos sobre una raya blanca, un punto y dos rayas gris claro, un punto sobre una raya gris oscuro y abajo una concha negra.

GUËNDA RUCHAÀGÁ

-Andrē, nē ni ma biziìdú, liì siōú zāndá guchaàgú xigābá gula'sa' pā chāhui-chaàhuí ma ziucháagú ndāga, degāndé, zacá-zacá ma zēú.

Liì nanú ndāga ne degaàyú chidiē nayaàse', degāndé ne gayuaà yaàse-catē, gue'la ne gaàyúe'la yaàse-bitē, bisōti ne gaàyú-sōti zadiē nāquichi'.

Yāna chigūné tōbi tī guiziìdú, chīúchaàga: *tī chiaà, tī degāndé chiìnubicāto* ne *tī gayuaà, tī toaà chiì-bicāto*.

Chīúchaàgá:

> Ndāga: chuppá nē chuppá rudiì *tāpa bidóla yaàse'*.
> ●● + ●● = ●●●●
> Degaàyú: chōná ne chuppá bia'si: gaàyú rrarrá yaàse'; tāpa-ní zusaà tī bidóla yaàse-catē zagui'bá, ziāná *tī rrarrá yaàse'*.

> Degāndé: tōbi nē chuppá bia'si chōná, ne tōbi gudxi'ba lá, zazaà *tāpa bidóla yaàse-catē*.
> ● + ●● = ●●● + ● = ●●●●
> Gayuaà: chuppá nē tōbi bia'si chōná rrarrá yaàse-catē.

SUMA

-Andrés, con lo que ya sabes puedes sumar números mediante el sistema vigesimal, si consideras primero las unidades, luego las veintenas y así sucesivamente.

Tú sabes que las unidades y cinco de ellas se colorean de negro, veintenas y centenas de gris oscuro, cuatrocientos y dos mil en gris claro, ocho mil y cuarenta mil en blanco.

Ahora voy a sumar *doscientos treinta y siete con ciento cincuenta y dos,* para que aprendas.

Voy a sumar: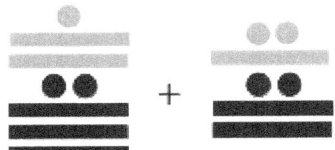

> Unidades: dos más dos igual a *cuatro puntos negros*.

●● + ●● = ●●●●

> Cincos: tres más dos igual a cinco (rayas negras); cuatro de los cuales hacen un punto gris oscuro que sube, queda una raya.

> Veintenas: uno más dos igual a tres y uno que subió, cuatro (puntos gris oscuros).

> Centenas: dos más uno igual a tres (rayas gris oscuro).

Andrē, guēnda-ruchaàgá rudiì: *chinuaà-taà, gaàyú-bitaà*.

Stōbi: *tī cātoe'la, chiaà-toaà; gaàyue'la, tī gayuaà, chiì-bicāyo*.

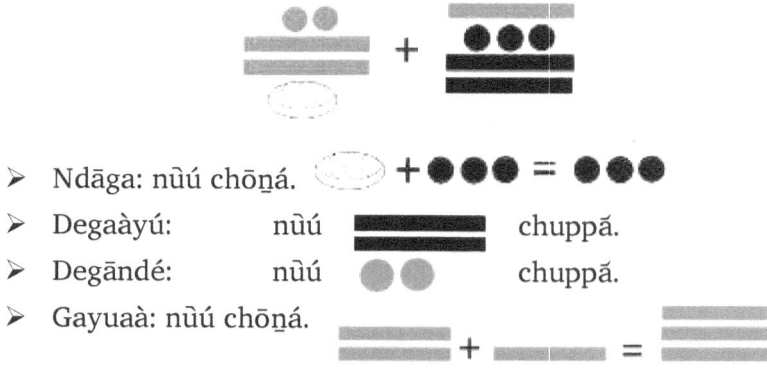

> Ndāga: nūú chōná.
> Degaàyú: nūú   chuppá.
> Degāndé: nūú   chuppá.
> Gayuaà: nūú chōná.

> Gue'la: nūú chuppá.
> Gaàyue'la: nūú tōbi.
> Guēnda-ruchaàgá rudiì:

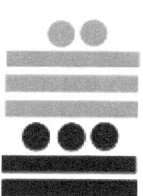

Xquēnda ruchaàgá rudiì: *gaàyú-bicātoe'la (gādxé-gue'la), chinuaà-toaà, chiì-bicāyo*.

Andrē, stōbi-dí ma liì gucháagú: *gaàyue'la, chinuaà-cayoaà, chiìnu-bicāyo ne chiì-bicātoe'la, chiaà toaà, chiìnu-bitaà*.

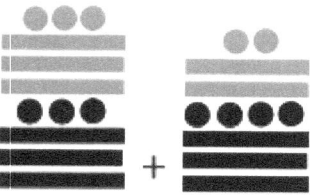

Andrés, el resultado de la suma es: *Trescientos ochenta y nueve*.

Otro ejemplo: *mil cuarenta más dos mil ciento trece*.

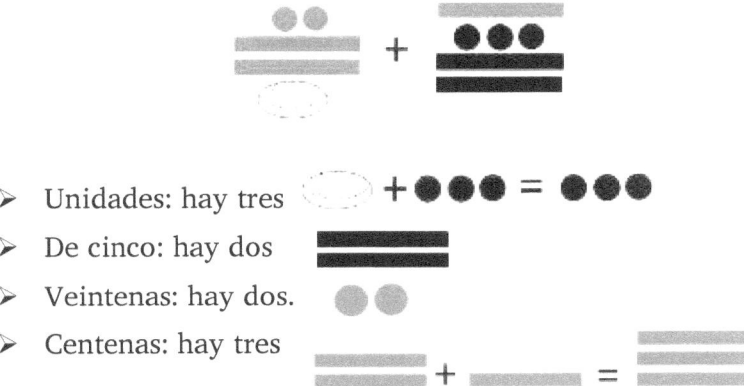

- Unidades: hay tres
- De cinco: hay dos
- Veintenas: hay dos.
- Centenas: hay tres

- Cuatrocientos: hay dos.
- Dos mil: hay una.

El resultado es:

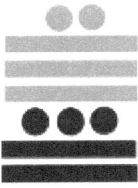

El resultado de la suma es: *tres mil ciento cincuenta y tres*.

Andrés, el siguiente ejercicio lo vas a resolver tú: *dos mil trescientos setenta y ocho más cinco mil cincuenta y nueve*.

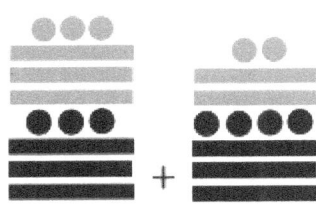

-Zá bisaà-nú naà ni jmá nagāna Abel, rabé zūnení.

-Zāndaà Andrē, rūne bia'ya liì.

-Biìya Abel, raúchaàgá:

> Ndāga: chōná ně tāpá rudiì: tī rrarrá-yaàse' ne *chuppá bidóla*.

> Degaàyú: chōná, chōná ne stōbi bidxaàgá bia'si *chōná rrarrá yaàse'* ne tī bidóla yaàse-catē.

> Degāndé: chōná, chuppá ne tī bidóla bia'si tī bidóla ne tī rrarrá.

> Gayuaà: chōná ne chuppá ne tōbi gudxi'ba ziāná chuppá, zagui'ba tī bidóla yaàse-bitě.

> Gue'la: nůú chuppá, ne tōbi gudxi'ba ziāná chōná.

> Gaàyue'la: tōbi ne chuppá bia'si chōná.

+ =

Andrē, guēnda-ruchaàgá rudiì: *Chiìnu-bicāyoe'la, chiaà gāndé chiìnu-bicāto.*

-Aunque me hayas puesto la suma más difícil, creo poder hacerla.

-Puedes Andrés, hazlo yo te dirijo.

-Observa Abel, cuando hago la suma me da:
- ➢ Unidades: tres más cuatro igual a una raya y dos puntos (negros). ●●● + ●●●● = ▬▬▬ + ●●
- ➢ Cincos: tres más tres más uno igual a tres rayas negras más un punto gris oscuro que sube.

  ▬▬▬ + ▬▬▬ + ▬▬▬ = ▬▬▬ + ●
- ➢ Veintenas: tres más dos más uno igual a un punto más una raya (gris oscuros). ●●● + ●● + ● = ● + ▬▬▬
- ➢ Centenas: Tres más dos más uno igual a dos rayas (gris oscuro) más un punto (gris claro).

- ➢ Cuatrocientos: dos más uno igual a tres (puntos gris claro).

  + =
- ➢ Dos mil: uno más dos igual a tres (rayas gris claro).

  + =

Andrés, el resultado es: *Siete mil cuatrocientos treinta y siete.*

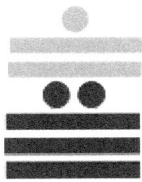

Stōbi: bichaàgá *tī chiìe'la tī gayuaà toaà chiì-bicāyo nế ga'e'la taà chiìnu-bichāga.*

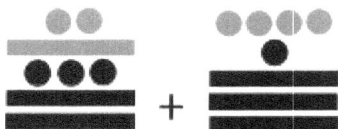

> Ndāga: chōná né tōbi zazaà tāpa bidóla yaàse'.

●●● + ● = ●●●●

> Degaàyú: chuppá nế chōná ziàná tī rrarrá yaàse' ne zagui'ba tī bidóla yaàse-catē.

≡ + ≡ = ▬ + ●

> Degāndé: tōbi ni gudxi'ba, chuppá ne tāpa ni mācá nùú zazaà gādxé bidóla yaàse-catē.

●● + ●●●● + ● = ●● + ▬

> Gayuaà: tōbi ne stōbi gudxi'ba ziàná chuppá rrarrá yaàse-catē.

▬ + ▬ = ≡

> Gue'la: nùú tāpa bidóla yaàse-bitế.

> Gaàyue'la: chuppá ne tōbi bia'si chōná rrarrá yaàse-bitế.

-Una más: *cuatro mil ciento cincuenta y tres más tres mil seiscientos noventa y seis.*

- ➤ Unidades: tres más uno igual a cuatro puntos negros.

  ●●● + ● = ●●●●

- ➤ Cincos: dos más tres rayas igual a una raya negra y un punto gris oscuro que sube.

- ➤ Veintenas: Uno que subió más dos y cuatro que ya había igual a siete puntos gris oscuro.

  ●● + ●●●● + ● = ●● + ━━━

- ➤ Centenas: uno más uno igual a dos rayas gris oscuro.

- ➤ Cuatrocientos: hay cuatro puntos gris claro.

- ➤ Dos mil: dos y una raya igual a tres rayas gris claro.

-Rudiì-ní: *chiìnu-bitaà-e'la, chiaà-toaà ne ga'*.

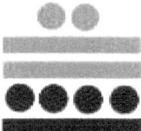

- Andrē, bichaàgá xigābá chīúcǎ xaguēté, ra li'dxu'.

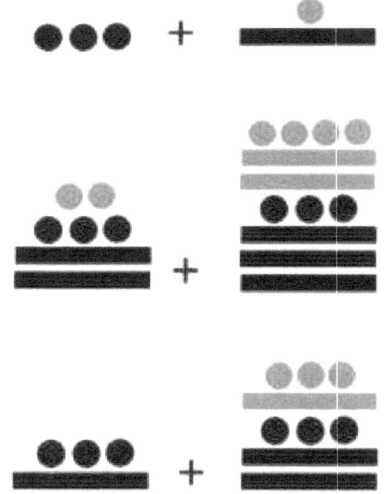

El resultado es: *siete mil ochocientos cuarenta y nueve*.

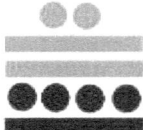

-Andrés, realiza las sumas siguientes en tu casa.

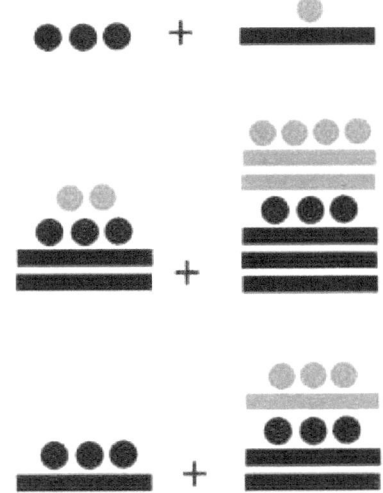

GUĒNDA RIBEÈ

-Andrē, chindēé lū tī xigāba gula'sa' stōbi. Chūúnu chāhui-gā, tí gu'yu'; yāna, *lū tī gaàyue'la, tī gayuaà taà-bigaàyú, chindēé tī cātoe'lá, chiaà chiìnu-bitaà.*

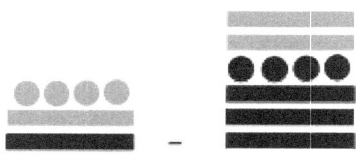

Ndāga: lū tī rrarrá yaàse', pă cuēé tāpa bidóla, ziāná *tī bidóla-yaàse'*.

> Degaàyú: ra guindēté tī bidóla yaàse-catē gūné tāpa rrarrá yaàse', raquĕ cuēé chōná, ziāná tī rrarrá yaàse'.

> Degāndé: tí lū tāpa degāndé nùú gundēté tōbi, reèda-guiāná chōná.

> Gayuaà: ra guiēté tī bidóla yaàse-bitĕ gācá tāpa rrarrá yaàse-catē, ra guidxaàgá tōbi ni mācá nùú, raquĕ guirēé chuppá, ziāná chōná.

> Gue'la: lū tāpa bidóla yaàse-bitĕ biāná guirēé chuppá, zudiì chuppá: (cātoe'la).

RESTA

-Andrés, ahora voy restar de un número, otro. Vamos despacio para que aprendas. Voy a restar *dos mil ciento ochenta y cinco menos mil trescientos ochenta.*

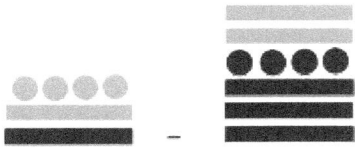

➢ Unidades: Si de una raya negra, es decir cinco puntos resto cuatro, queda un punto negro.

➢ Cincos: Cuando bajo un punto gris oscuro y lo convierto en cuatro rayas negras y le resto tres, queda una raya.

➢ Veintenas: De cuatro puntos gris oscuro que había, ya quedan tres.

➢ Centenas: Al bajar un punto gris claro, se convierte en cuatro rayas gris oscuro, más una suman cinco; que al restarle dos, quedan tres.

➢ Cuatrocientos: A los cuatro puntos gris claro restantes, le quitamos dos, quedan dos (ochocientos):

- Andrē, guēnda rirēé bīné rudiì: *cātoe'la, chinuaà-cayoaà, gaàyú-bichāga*. Xǐ ruùyu xōú, zāndá gu'nu' stōbi liì siōú lá.

-Zāndá Abel.

-Ndí-ngá ca xigābá: lū *chiì-bicātoe'la tī gayuaà-chiì*, gulḗ *cātoe'la, tī gayuaà toaà-bichiìnu*.

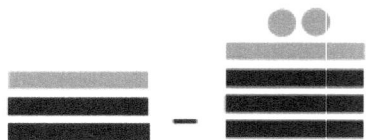

-Abel, chicàa'-yua' guēnda ribeè di':
> Ndāga: gāsti ndāga.

> Degaàyú: ra guindētḗ tī bidóla yaàse-catē rūné tāpa rrarrá yaàse', guchaàgá chuppǎ cǎ xaguētē rudiì xhoòpǎ; lū xhoòpǎ cuēé chōṉá ziàná chōṉá.

> Degāndé: lū tāpa bidóla yaàse-catē biàná guirēé chuppǎ, ziàná chuppǎ.

> Gayuaà: ra guiēte tī bidóla yaàse-bitḗ zazaà tāpa rrarrá yaàse-catē; pǎ guirḗ tōbi lū-ní ziàná chōṉá.

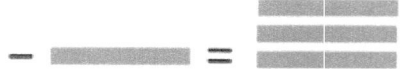

-Andrés, finalmente, quedan *mil ciento sesenta y seis*.
¿Qué te pareció, podrías resolver tú solo la siguiente resta?

-Claro, Abel.

-Ésta es la operación: De *cuatro mil novecientos diez* resta *novecientos cincuenta y cinco*.

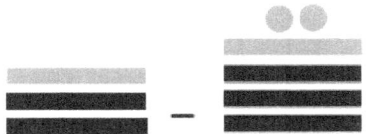

-Abel, voy a analizar la resta:
> Unidades: No hay.

> Cincos: Al bajar un punto gris oscuro se convierte en cuatro rayas negras, más dos que ya hay, dan seis; si a éstas le restamos tres, quedan tres.

> Veintenas: de cuatro puntos gris oscuro quitamos dos, quedan dos.

> Centenas: Al bajar un punto gris claro, se convierte en cuatro rayas gris oscuro, si le quito una, quedan tres.

> Gue'la: ra guiēte tī rrarrá yaàse-bitě gāca gaàyú bidóla yaàse-bitě guidxaàgá tōbi mācá nūú ziàná xhoòpá; lū xhoòpá guirě chuppá bia'si, tāpa.

> Gaàyue'la: nūú tōbi.

Abel, ziáaná: *ga'e'la, chinuaà toaà-bichiìnu*.

-Stōbi-sí mācá bilūxe guēnda-ribeè lū tī xigābá gula'sa'.
Lū chuppá bisōti, cātoe'la toaà-bichiìño, cuěé *chiìnu-e'la, chinuaà gāndé-bitaà*.

> Biìyá pá jnēza bizěé guirōpá xigābá Abel.

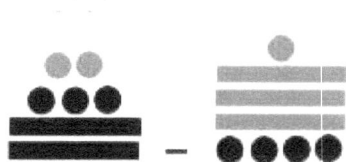

Abel, chicàa'-yua':
> Ndāga: lū xhōnó guirěé tāpa, bia'sí tāpa bidóla.

> Degaàyú: nūú tōbi.

- Cuatrocientos: Al bajar una raya gris claro, se convierte en cinco puntos gris claro, sumado a uno que ya hay quedan seis. De seis restamos dos, quedan cuatro.

- Dos mil: Hay una.

- Abel, el resultado es: *tres mil novecientos cincuenta y cinco*.

-Con el siguiente ejercicio terminamos las restas de números zapotecos.

De *dieciséis mil ochocientos cincuenta y tres restamos seis mil trescientos veinticuatro*.

- Abel mira si la representación de la resta es adecuada.

- Abel, voy a analizarla:

- Unidades: De ocho quito cuatro, restan cuatro

- Cincos: Hay uno.

➢ Degānde: lū chuppá bidóla guirēé tōbi ziāná tōbi.

➢ Gayuaà: Tī bidóla yaàse-bitĕ gāca' tāpa gayuaà guirēé chōṉá rrarrá yaàse-catē riāná tōbi.

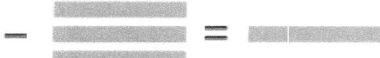

➢ Gue'la: biāná tōbi

➢ Gaàyue'la: tī bidóla quichi' guirēé chōṉá rrarrá yaàse-bitĕ riāná tōbi.

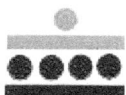

➢ Bisōti: biāná tōbi.

Abel, reèda-guiaàná: *tī bisōti xhoòpá gue'la tī gayuaà gāndé-biga'*.

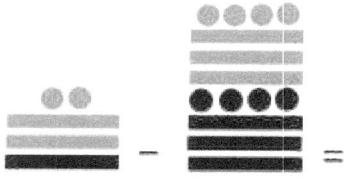

- Andrē, guēnda-ribeè chīúcàa' xaguēté, gu'nu' ra li'dxu'.

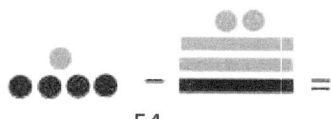

- Veintenas: De dos puntos quito uno, queda uno.

- Centenas: De un punto gris claro resto tres rayas gris oscuro, queda una raya.

- Cuatrocientos: Quedó uno.
- Dos mil: De un punto blanco restas tres rayas gris claro, queda una.

- Ocho mil: Quedó uno.

- Abel, el resultado es: *diez mil quinientos veintinueve*.

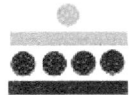

-Andrés, realiza los siguientes ejercicios en tu casa

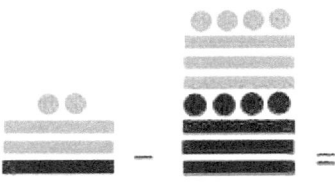

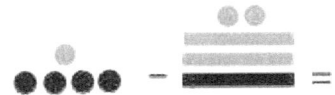

GUĒNDA RUTĀLÉ

-Andrē, ni nāndá guiziìdú yāṉa ngá guēnda-rutālé xigābá.

-Xǐnga ya'

-Nācaní tī guēnda ruchaàgá-lisaà; xigābá zā-níru rudiì bia' xibiēque chi dxaàgá-lisáa xigābá cǎ cue'ní; pǎ chidālé xigābá chōṉá ně tōbi, xigābá chōṉá ngá chīúdiì bia' xibiēque chidxaàgá xigābá tōbi; zanīnú *chōṉá cutālé tōbi* bia'si *chōṉá*. Zācaà:

●●● X ● = ● + ● + ● = ●●●

Lū stī guēnda rutālé di':

●●● + ●●● + ●●● + ●●● + ●●● xigābá gaàyú cayūni guidxaàgá-lisaà xigābá chōṉá gaàyú xibiēque zanīnú *gaàyú cutālé chōṉá* bia'si *chiìnu*.

●●● X ═══ = ≡≡≡

Nagāsi gulāqui-dxǐ xpiānú pǎ xigābá gaàyú chīútālé gaàyú xigābá gaàyú zadxaàgá-lisaà gaàyú xibiēque bia'si zeèda gudiì *gāndé-bigaàyú*.

Pǎ xigābá gaàyú gutālé chiì, zudiì *toaà-bichiì*

═══ X ≡≡≡ = ≡≡≡

Gaàyú cutālé chiìnu, zudiì *cayoaà-bichiìnu*

═══ X ≡≡≡ = ≡≡≡

MULTIPLICACIÓN

-Andrés ahora lo que sigue es enseñarte a multiplicar.
-¿Y eso qué es?
-Es una suma abreviada que consta de dos o más factores donde el primero define las veces que el segundo se suma a sí mismo. En el siguiente ejemplo, tres por uno, el número tres indica que el número uno se suma tres veces, y se escribe:

●●● X ● = ● + ● + ● = ●●●

En este otro ejemplo:

●●● + ●●● + ●●● + ●●● + ●●● el número cinco, es el primer factor ya que obliga al número tres a sumarse cinco veces y se dice cinco por tres es igual a quince.

●●● X ═══ = ═══

Ahora pon atención, si el número cinco multiplica a cinco este número se suma cinco veces y el resultado es *veinticinco*.

═══ X ═══ = ●
         ═══

Si el número multiplica a diez el resultado es *cincuenta*

═══ X ═══ = ●●
         ═══

Cinco multiplicado por quince da *setenta y cinco*

═══ X ═══ = ●●●
         ═══

- Cayēné Abel, lága pā ni cutālé ngá gāndé ya'
- Rari' ca xigābá rigui'bá, tī ndāga ●raquība' rāca tī degāndé●, tī degāndé, tī gue'la   ne gue'la rigui'bá rāca tī bisōti ○ .
-Rilui' qui igāna Abel, ra guidxaàgá-lisaà tī bidóla-yaàse' reèda guiáná rāca tī bidóla yaàse-catē, zaquēcá tī rrarrá yaàse' ruchaà rāca tī rrarrá yaàse-catē.

- Andrē, chigūne' tī guēnda rutālé tī guicáyūlu'.

Chīútālé chōná nē gāndé chiìnu-bicāto.

Tī ca dxú bichaà xhigābanú, chīútālé rābé nēza bitālé bīnizā: Chīúcá chōná cutālé gāndé chiìnu-bicāto sicari':

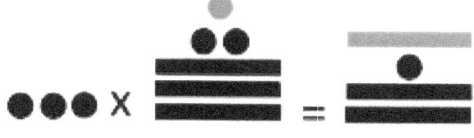

➢ Chōná gutālé tī degānde zudiì chōná degāndé

●●● X ● = ●●●

➢ Chōná guidālé (chōná rrarrá chuppá bidóla-yaàse') zudiì ga' rrarrá nē xhoòpá bidóla-yaàse' bia'si chuppá bidóla yaàse-catē, chuppá rrarrá yaàse' ne tī bidóla-yaàse'.

➢ Ra idxaàgá guirā bidóla yaàse-catē zudiì tī rrarrá yaàse-catē ne chuppá rrarrá tī bidóla yaàse'. Bia'si reèda gudiì-ní *tī gayuaà chiì-bichāga*.

- Entendiendo Abel, ¿y si el número que multiplica es veinte?
-En este caso las cifras suben de nivel, la unidad ● a una veintena ●, una veintena a cuatrocientos y cuatrocientos a ocho mil ○.
-Parece fácil Abel, si la unidad se suma veinte veces el punto negro se convierte en punto gris oscuro, así mismo una raya negra se convierte en una raya gris oscuro.

-Andrés, voy a hacer una multiplicación para que aprendas.
Voy a multiplicar tres por treinta y siete.
Aunque la numeración zapoteca ya no se utiliza, voy a hacerlo como creo que lo hicieron nuestros ancestros.

➢ Tres por un punto gris oscuro es igual a tres veintenas

➢ Tres por tres rayas y dos puntos negros es igual a nueve rayas más seis puntos negros igual a dos puntos gris oscuro y dos rayas negras con un punto negro.

➢ Al sumar todos los puntos gris oscuro (tres más dos) obtenemos una raya gris oscuro, más las dos rayas negras y el punto negro, resultando: *ciento once*.

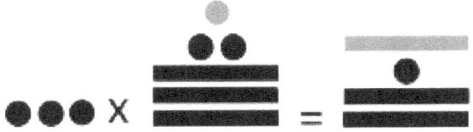

Bie'nú lá.

-Yā, yāna zāndá gúninú stōbi xcaàdxí nagāna lá.

-Chůúnu chāhui-chaàhuí Andrē. Nagāsí bitālé *Chiìbicāto ně gāndé-bicāyo* bia'sí.

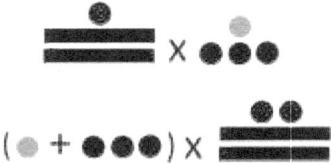

> Ra gutālé chiì-bicāto (chuppǎ rrarrá, chuppǎ bidóla yaàse') ně gāndé, ruchaà rāca chuppǎ rrarrá ne chuppǎ bidóla yaàse-catē; chiì-bicāto rilūxe rāca tī chiaà toaà. Zāca Andrē zāca bigābá bīnizā cádi ni quiìñe ca' gadxāgayá ni gulě xa'na' dxú lāá tabla.

> Chōná guidālé chiì-bicāto rudiì xhoòpǎ rrarrá, xhoòpǎ bidóla yaàse' bia'si tī bidóla yaàse-catē, chōná rrarrá yaàse' ne tī bidóla yaàse'.

> Ra guidxaàgá bidóla yaàse-catē rudiì chōná, ně guirōpǎ rrarrá yaàse-catē ne chōná rrarrá ne tī bidóla yaàse' rudiì:

Bia'sí rudiì *chiaà-cayoaà chiìnu-bichāga*:

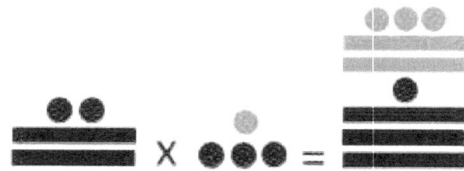

¿Entendiste?

-Sí, ¿Ahora podemos hacer una multiplicación más complicada Abel?

-Vamos despacio Andrés. Ahora multiplica *doce por veintitrés*, que es igual.

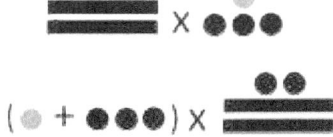

> Cuando multiplico doce (dos rayas y dos puntos negros) con veinte, el resultado es, dos rayas y dos puntos gris oscuro; es decir que cambian de nivel y de tono, así pienso multiplicaban los zapotecas y no como en la actualidad se acostumbra, utilizando tablas.

> Tres por dos rayas con dos puntos negros, dan seis rayas seis puntos negros, igual a un punto gris oscuro con tres rayas con un punto negro.

> Al sumar los puntos gris oscuro dan tres, más las dos rayas gris oscuro y tres rayas negras con un punto obtenemos:

Un resultado de *doscientos setenta y seis*:

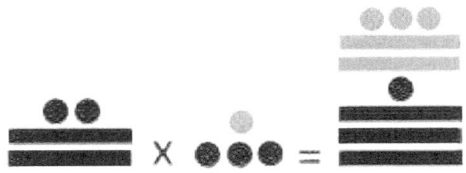

Yāna Andrē, chīútāle-nú *tī gayuaà gāndé-bichāga* nế *chinuaà gaàyú-bicāto* sicari':

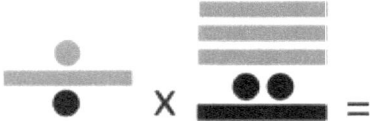

(*Tī gayuaà gāndé-bitōbi gutālé chinuaà gaàyú-bicāto*; bia'si: xhoòpá degāndé gutālé chinuaà gaàyú-bicāto, guidxaàgá tī chinuaà gaàyú-bicāto).

> ➢ Xhoòpá guidālé chinuaà gaàyú-bicāto rudiì chiìnu-bicāyo rrarrá yaàse-catē, toaà-bicāto rrarrá yaàse', bia'si (tāpa bidóla yaàse-bitĕ, chuppá rrarrá yaàse-catē, chuppá bidóla yaàse-catē nế chuppá bidóla yaàse').

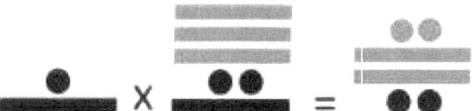

> ➢ Ra gutāle-nú xigābá di' nế tī bidóla yaàse-catē zagui'bá ne zuchaà-ca, ziàná: tāpa bidóla quichi', chuppá rrarrá yaàse-bitĕ, chuppá bidóla yaàse-bitĕ ne chuppá bidóla yaàse-catē.

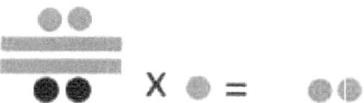

> ➢ Chinuaà-gaàyú-bicāto guidālé tōbi zudiì, chōná rrarrá yaàse-catē, tī rrarrá yaàse' ne chuppá bidóla yaàse'.

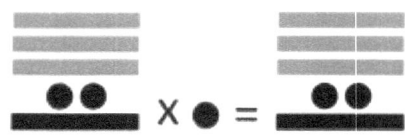

Ahora, Andrés, vamos a multiplicar *ciento veintiuno* por *trecientos siete* de la siguiente forma:

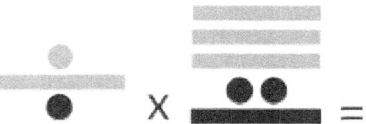

(*Ciento veintiuno por trescientos siete;* igual a: seis veintenas por trescientos siete, sumados a trescientos siete).

> Seis por trescientos siete dan dieciocho rayas gris oscuro más cuarenta y dos puntos negros, que es lo mismo a (cuatro puntos gris claro más dos rayas gris oscuro con dos puntos gris oscuro y dos puntos negros).

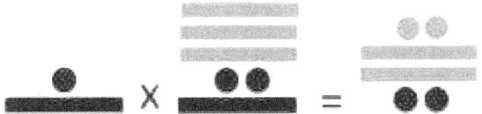

> Todo ello es multiplicado por un punto gris oscuro, obteniendo como resultado cuatro puntos blancos más dos rayas gris claro con dos puntos gris claro y dos puntos gris oscuro.

> Trescientos siete por uno es igual a tres rayas gris oscuro, una raya negra y dos puntos negros.

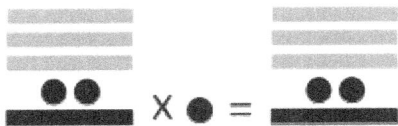

➢ Ra guidxaàgá guirōpá xigābá rudiì: tāpa bidóla quichi', chuppá rrarrá chūpa bidóla yaàse-bitĕ, chōná rrarrá chuppá bidóla yaàse-catē, tī rrarrá chuppá bidóla yaàse'.

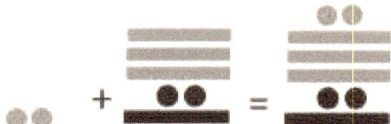

➢ Bia'sí rudiìca': *tāpa bisōti, chiìbicāto-gue'la, chinuaà toaà-bigādxé*.

Stōbi-sí Andrē, măca bilúxenú.

Chīútālé tī chiaà, taà chiìnu-bicāyo nĕ toaà-bicāto.

Xigābá di' zāndá guică: (*chuppá degāndé gutālé chiaà taà chiìnu-bicāyo*) nĕ (*chuppá gutālé chiaà taà chiìnu-bicāyo*).

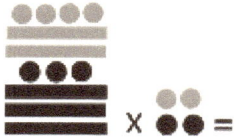

➢ Chuppá gutālé chiaà, taà chiìnu-bicāyo zudiì: tāpa rrarrá nĕ xhōnó xpidóla yaàse-catē, gāndé chiìnu-bichāga bidóla yaàse', bia'si: tī bidóla yaàse-bitĕ, tī rrarrá nĕ tāpa xpidóla yaàse-catē, chōná rrarrá nĕ tī bidóla-yaàse'.

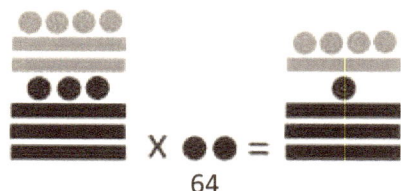

➢ La suma de ambos resultados al final de la multiplicación da: Cuatro puntos blancos, dos rayas con dos puntos gris claro, tres rayas y dos puntos gris oscuro, una raya y dos puntos negros.

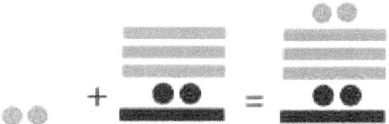

➢ Por tanto, el desarrollo final de la multiplicación da: Un resultado de *treinta y siete mil ciento cuarenta y siete*.

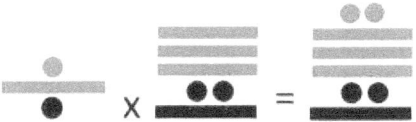

Una más Andrés, y terminamos.
Vamos a multiplicar doscientos noventa y ocho por cuarenta y dos que es igual a: (298 x 42) = (2 x 20 x 298) + (2 x 298)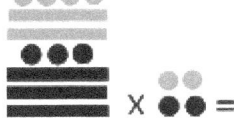

➢ Dos por doscientos noventa y ocho es igual a cuatro rayas con sus ocho puntos gris oscuro más treinta y seis puntos negros; esto es un punto gris claro, una raya con sus cuatro puntos gris oscuro y tres rayas con su punto negro.

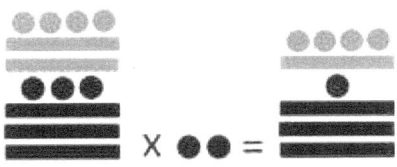

> Yāna, ra guidālé-ní nế gāndé zagui'bá ne zāca: tī bidóla quichi', tī rrarrá ne tāpa xpidóla yaàse-bitĕ, chōná rrarrá nế tī xpidóla yaàse-catē.

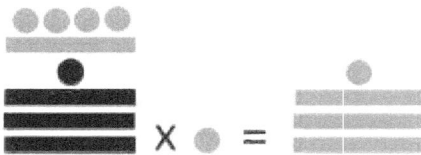

> Ra guchaà gánu xigābá di' zudiì: *tī bisōti, chiì-bichāga gue'la, tī gayuaà chiìnu-bichāga.*

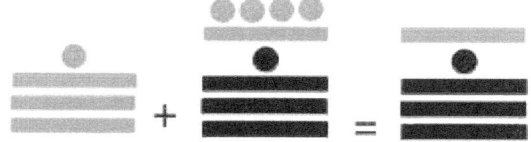

Andrē, biìni' xcaàdxi xigābá di' stubu'.

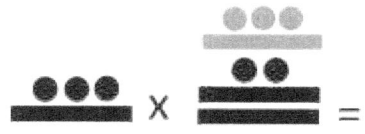

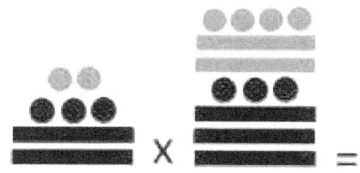

➢ Todo ello tiene que ser multiplicado por veinte, dando como resultado un punto blanco, una raya gris claro con cuatro puntos gris claro y tres rayas gris oscuro con un punto gris oscuro.

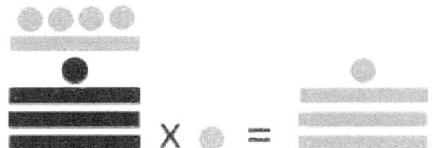

➢ La suma de ambos refleja el resultado final de la multiplicación: *doce mil quinientos dieciséis*.

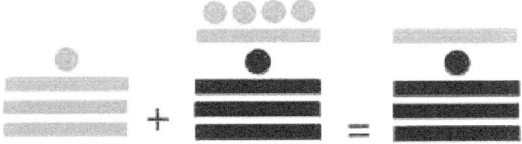

Andrés, haz estas operaciones tu solo.

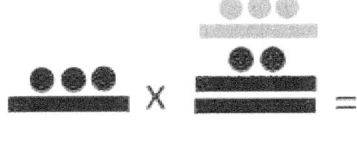

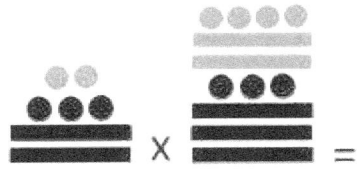

GUĒNDA RIGUIÌZI'

-Andrē, ni chigūné nagāsi chīúsiìde liì guēnda riguiìzí xigābá.

-Ni nāṉá ngá guchaàgá nīza raqué quiìze caní.

-Nguē-caní Andrē, xìnga-lá, nēza gudiìzi bīṉizā quépe-nigāna. Tí guiziìdu chitiìze *tī bisōti lāde chiìnu-bicāyo*.

-Yā Abel, nuá gāṉá bia' chicá tōbi-tōbi.

-Pá quiìze':

(Tī bisōti) ○ lāde chiìnu-bicāyo, qui zāndá, rūni-ngá rūne laà gāndé gue'la.

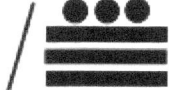

Yāṉa-ru', ma zāndá quiìze gāndé gue'la lāde
chiìnu-bicāyo, bia'si ricá-ca' tōbi né ziāná chuppá

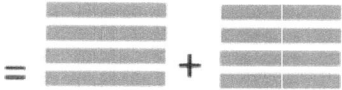

Chuppá gue'la-ca rāca toaà degāndé.

Pá toaà degāndé quiìze lāde chiìnu-bicāyo, bia'sí
Ricaà chuppá né ziāná tāpa bidóla yaàse-catē.

DIVISIÓN

-Andrés, lo que ahora voy a hacer es enseñarte a dividir.

-Lo que sé hacer es sumar mazorcas, después repartirlas.

-Es lo mismo Andrés, sólo que los zapotecos lo hacían más sencillo. Para demostrártelo, voy a dividir *ocho mil entre dieciocho*.

Sí Abel, quiero saber cuánto le tocará a cada uno.

-Si divido:

(ocho mil) 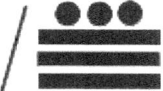 entre dieciocho, no se puede, por eso lo convierto en veinte de cuatrocientos.

Ahora sí, ya puedo dividir veinte cuatrocientos entre dieciocho, le toca a cada quien; uno y sobran dos.

Esos dos puntos gris claro se convierten en cuarenta veintenas.

Si cuarenta veintenas las divido entre dieciocho, le tocan dos a cada uno y sobran cuatro puntos gris oscuro.

Tāpa-cá rūne laà-ca' taà-ndāga.

●●●● = ▬▬ + ▬▬ + ▬▬ + ▬▬

Pǎ quiìze taà ndāga, lāde chiìnu-bicāyo, ricaà-ca' tāpa ne ziàná xhōnó.

▬▬ + ▬▬ + ▬▬ + ▬▬ / ●●● ▬▬ = ●●●● + ●●● ▬▬

Andrē, pǎ guchaàga' bia' xigābá biaàzi' zudiì tī gue'la,   toaà ●●
tāpa ndāga ●●●● ne ziàná xhōnó ●●● ▬▬.
+ ●● + ●●●● ne ziàná ●●● ▬▬.

/ ●●● ▬▬ = ●●●● + ●●● ▬▬

Bia' gucuá tōbi-tōbi ngá *tī gue'la, toaà nùú tāpa* nḗ biàná *xhōnó*.

Dxàndí Abel, quiñuù ra niquíñenú xtabla dxú. Xǐ gune' tǐ gāṉá pǎ jnēza-ní ya' Abel.

Yāṉa Abel, tǐ gāṉú pǎ jnēza bireè guēnda-riguiìzí, bitālé chiìnu-bicāyo nḗ tǐ gue'la toaà-bitaà nḗ xhōnó.

> Chiìnu-bicāyo tī gue'la bia'si chiìnu-bicāyo gue'la.

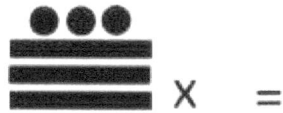

Esas cuatro que sobran se convierten en ochenta unidades.

●●●● = ▦ + ▦ + ▦ + ▦

Si divido ochenta unidades entre dieciocho, le toca a cada uno cuatro y sobran ocho.

▦ + ▦ + ▦ + ▦ / ▤ = ●●●● + ▬

Andrés, si sumamos los resultados parciales, da cuatrocientos más cuarenta ●● más cuatro ●●●●, sobrando ocho ▬.

+ ●● + ●●●● y sobran ▬

/ ▤ = ●●●● + ▬

Le toca a cada uno, *cuatrocientos cuarenta y cuatro* y sobran *ocho*.

Ciertamente Abel, resolvimos la división sin la tabla de multiplicar. ¿Cómo hago la comprobación?

Para comprobar se multiplica dieciocho por cuatrocientos cuarenta y cuatro, y al resultado agregarle el residuo.

> Dieciocho por cuatrocientos dan siete mil doscientos.

▤ X =

> Chiìnu-bicāyo nḗ toaà rudiì tī gue'la chinuaà nùú gāndé.

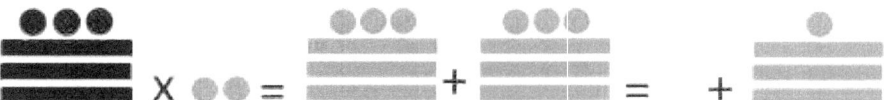

> Chiìnu-bicāyo gutālé tāpa rudiì cāyoaà-bichiì nùú chuppá, ra guidxaàgá nḗ xhōnó rudiì taà.

Guēnda ruchaàgá:
> Ndāga: taà ndāga bia'si rāca tāpa degāndé rigui'ba, ma qui riàná gāsti.
> Degāndé: tāpa degāndé guidxaàgá tī gue'la chiìnu-bitaà rudiì chuppá gue'la bia'si chuppá ndāga yaàse-bitḗ.
> Gue'la: Nḗ chuppá gue'la bidxaàgá nḗ chiìnu-bicāyo gue'la rizà gāndé gue'la, bia'si tī bisōti.
> Bisōti: tī bisōti

Andrē, chigūné stōbi:

Chitiìzé *chuppá bisōti, chuppá gue'la, chuppá degāndé chuppá ndāga*, lāde *gāndé chiìnu-bichāga*.

- Dieciocho por cuarenta dan setecientos veinte.

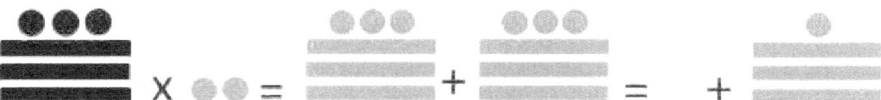

- Dieciocho por cuatro dan setenta y dos y se le agregan los ocho del residuo dan ochenta.

Suma:

- Unidades: ochenta unidades igual a cuatro veintenas que suben, por lo tanto, queda cero
- Veintenas: Las cuatro veintenas agregadas a setecientos veinte, complementan ochocientos, igual a dos puntos gris claro.
- Cuatrocientos: Con los ochocientos que se agregaron se complementan ocho mil.
- Ocho mil:

Andrés, voy a hacer otro ejercicio:

Voy a dividir *dieciséis mil ochocientos cuarenta y dos* entre *treinta y seis*.

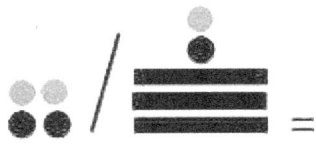

- ➢ Pã quiìze gāndé chiìnu-bichāga lāde:
- ➢ (Chuppá bisōti) bidóla quichi' qui zāndá, rūni-ngá rūne-ní toaà gue'la.

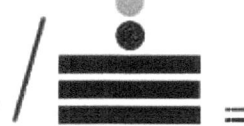

- ➢ Toaà gue'la nẽ chuppá nũú bia'si toaà-bicāto gue'la quiìze' lāde gāndé chiìnu-bichāga zacá tōbi-tōbi tī bidóla yaàse-bitẽ ne ziāná xhoòpá.

+

- ➢ Xhoòpá gue'la, (tī gayuaà gāndé) nẽ chuppá degāndé, bia'si tī gayuaà gāndé-bicāto zudiì ra guiaàzi' lāde gāndé, gāndé chiìnu-bichāga zacá tōbi-tōbi chōná ne riāná chiì-bitaà.

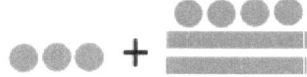

- ➢ Chiì-bitaà degāndé; zudiì (chiaà, taà-ndāga nẽ chuppá bia'si tī chiaà taà-bicāto yāna pá quiìze-ní lāde gāndé chiìnu-bichāga zudiì gādxé ndāga ne ziāná gāndé-bichiì.

Andrē, pá guchaàga' bia' bidiì xigābá rudiì:
- ➢ Ndāga: gādxé
- ➢ Degāndé: chōná
- ➢ Gue'la: tōbi
- ➢ Biāná: gāndé-bichiì

- ➢ Si divido:
- ➢ Dos puntos blancos (dieciséis mil) entre treinta y seis, no se puede lo convierto en cuarenta de cuatrocientos.

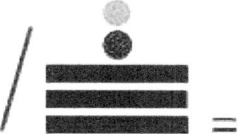

- ➢ Cuarenta y dos (cuatrocientos) entre treinta y seis, da un punto gris claro a cada uno y sobran seis.

- ➢ Seis multiplicado por veinte, más dos, es igual ciento veintidós (veintenas); entre treinta y seis, es igual a tres y sobran catorce.

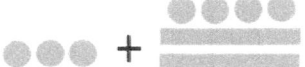

- ➢ Catorce veintenas equivalen a doscientos ochenta unidades, más dos, dividido entre treinta y seis, quedan siete y sobran treinta.

Andrés, si sumo los cocientes da:

- ➢ Unidades: siete
- ➢ Veintenas: tres
- ➢ Centenas: una
- ➢ Sobrantes: treinta

Ni cului' pá jnēza.

(467 x 36) = (2 x 20 − 4 x 467)

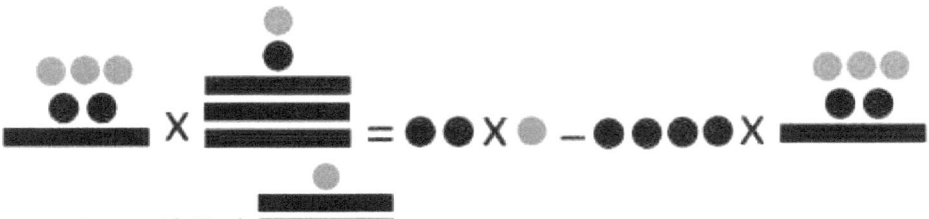

- Nĕ biǎná
- Chuppá bidālé gāndé nĕ tī gue'la cayoaà gaàyú-bicāto rudiì tī cāto-e'la, tī gayuaà gāndé, chiì-bitaà, xigābá di' ra guidālé gāndé zagui'ba' ne zuchǎ nēza die'; ne zasāca chuppá bisōti, tī gaàyúe'la, tī gue'la, chiaà-taà ne zacá.

- Ra gutāle-nú tāpa nĕ tī gue'la cayoaà gaàyú-bicāto zudiì taàe'la chiaà, cayoaà nūú xhōnó

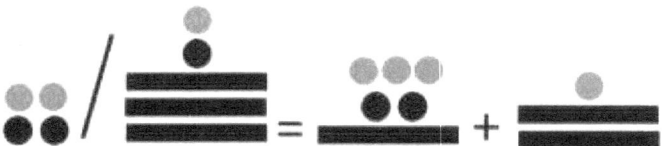

- Andrē, pá cuĕnú lū xigābá zā-nirú guirópa-ca' zudiì + + + nĕ biǎná bia'sí:

Comprobación.

(467 x 36) = (2 x 20 – 4 x 467)

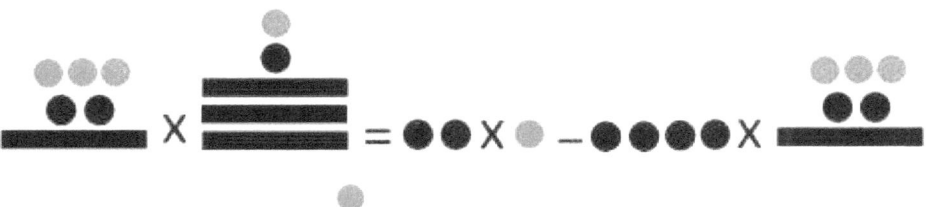

- Mas el residuo
- Dos por veinte por cuatrocientos sesenta y siete dan veinte por novecientos treinta y cuatro; este último número al multiplicarlo por veinte suben de nivel (tono) y da dieciocho mil seiscientos ochenta, se escribe con

- Si multiplicamos cuatro por cuatrocientos sesenta y siete da mil ochocientos sesenta y ocho se escribe con

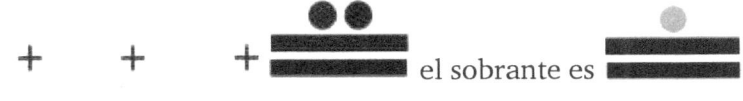

- Andrés, si restamos el segundo factor al primero da

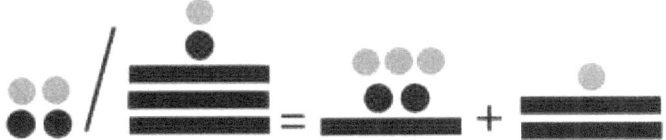

el sobrante es

igual a:

Ra ridxaàgá xigābá bidālé
- Ndāga: chuppá ●●
- Gaàyú: chuppá ▬▬
- Gue'la: chuppá gue'la
- Bisōti:
- Nḗ gāndé-bichiì biāná

Chuppá bisōti, chuppá gue'la chuppá degāndé nḗ chuppá ndāga

-Zācá rabé gudiìzí ca gula'sá Andrē, scási ma biìyú qui niquiìñe-ca' tabla laàca' gudiìzi-ca' tōbi-tōbi zácá-zácá ma zḗ ca'.
-Chīútiè, *tī bisōti cātoe'la, cayoaà chiìnu-bicāto*, lāde gāndé gaàyú-bichāga; bicābí naà pá guināba-diìdxá liì.

- Tī bisōti: Bia'si gāndé gue'la, qui rudiì gāsti.
- Gue'la: gāndé gue'la nḗ chuppá mácá nùú, bia'si gāndé bi-chuppá gue'la, laàca qui rugaànda.
- Degāndé: gāndé-bicātoe'la nḗ chōṉá mácá nùú lāde gāndé gaàyú-bichāga zudiì, chiìnu-bicāto degāndé, ziāná tī degāndé.

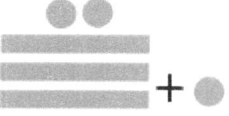

Suma de la comprobación
- Unidades: dos ●●
- Cincos: dos ▬
- Cuatrocientos:
- Ocho mil:
- Más treinta que sobraron

Dieciséis mil ochocientos cuarenta y dos

-Es así como creo que dividieron los mesoamericanos, Andrés, como ya observaste, no requiere de tablas sino saber comparar y corresponder magnitudes diferentes.

Ahora voy a figurar ocho mil ochocientos setenta y siete entre veintiséis. Responde a mis preguntas.

- Ocho mil: Veinte cuatrocientos, no da nada.
- Cuatrocientos: veinte cuatrocientos más dos que ya había, igual a veintidós, que tampoco alcanzan.
- Veintenas: veintidós cuatrocientos más tres veintenas entre veintiséis, da diecisiete veintenas y sobra una.

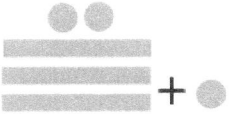

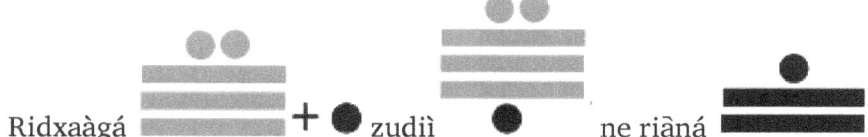

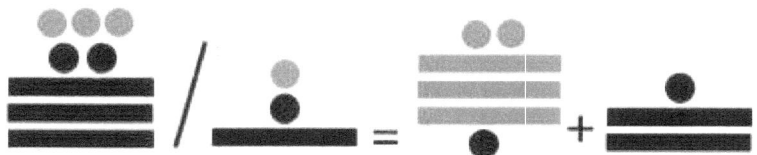

Ni cului'pá jnēza

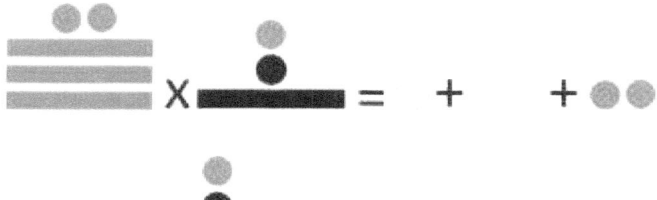

Né biáná

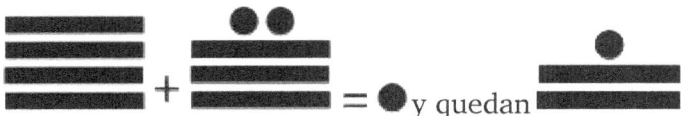

Suma

Comprobación

Y

Quedan

-Yāna chīúsaàna chōná guēnda riguiìzí gu'nu' ra li'dxu'.

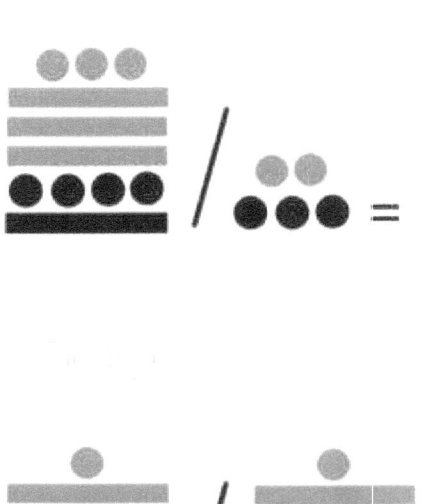

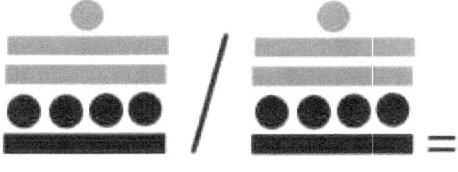

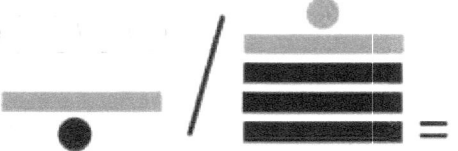

-Ahora voy a dejarte estas tres divisiones de tarea para que los resuelvas en tu casa.

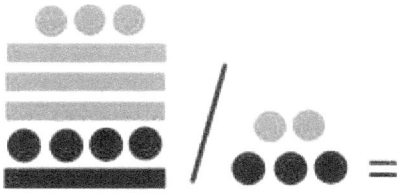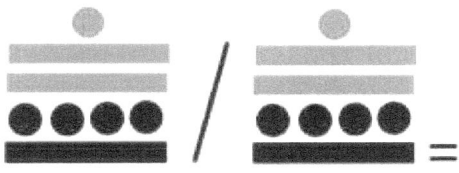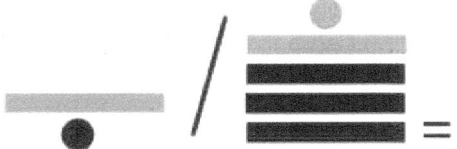

NDÀÁ GUIDÚBI

-Andrē, ma biziìdú gugābú rābé zāndá gaṉú cuêú, gutālú *ndāá-guidúbi*.

-Ngá-pe' nuāá gabé liì Abel, nūú dxī ricā bixhiìdí nēza-īque' ra cacaáyua' cūba-niìdxí chīutoò bīṉi-góla lūguiā. Rirēndá ra cugābá *cuarterōn* ne galāá.

-Chūú-nú chāhui-chaàhuí Andrē, *cuarterōn* lá, diìdxá-stiā.
-Lāgá gunǎ ndí xtiìdxá-nu ya'.

-Nagāsí guziìdé liì, bicābí naà: lū tī cūba-niìdxí pāndá galāá zabêu lū tī guidúbi, ne pāndá *garōndá- galāá*.

-Abel; lū tī guidúbi zarēé chuppǎ galāá, tāpa *garōndá-galāá*.

-Bīna yāṉa tī guiziìdu': biìyá bāndá ndāá bi'nu' xcūba-niìdxí ne bāndá chīúgābu'.

> Pǎ xcūba-niìdxí bi'nu' laà chuppǎ ndāá, chuppǎ-cá zucōú xaguēté tī rrarrá, ne pǎ lū chuppǎ ndāá chicōú tōbisí, bicaà tōbi-cá luguiā.

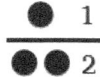

Zaniìnú *(tōbi, lū ni gulāá chuppǎ ndāá)*

FRACCIONES COMUNES

-Andrés, aprendiste a contar enteros, pienso que ya puedes contar *fracciones comunes*.

-Estaba por pedírtelo Abel, a veces me confundo cuando parto el queso que lleva mi esposa a vender al mercado. Me confunde el contar cuarterones con mitades.

-Vamos poco a poco Andrés, *cuarterón* es palabra castellana.

-¿Y cuál es su nombre en zapoteco?

-En un momento te digo, antes responde; ¿de un queso entero, cuántas mitades obtienes y cuántos cuarterones?

-Abel, de un entero hago dos mitades y cuatro cuarterones.

-Ahora pon atención: observa en cuántas mitades partiste el queso y de ellas, cuántas vas a considerar.

> Si el queso lo partiste en dos mitades, dos lo escribes debajo de la raya, y si sólo vas a considerar una, escribes así:

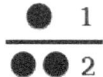

Decimos *(una parte de dos mitades)*

➢ Pǎ bi'nu' tāpa ndāá tī xcūba-niìdxí, ne guicōú chōná ndāá-ní, zucōú chōná luguiá, tāpa xaguēté.

Zaniìnú *(chōná, lū ni gulāá tāpa ndāá)*

➢ Pǎ lū tī guidúbi gulāá gādxé ndāá guicōú tāpa, zacā.

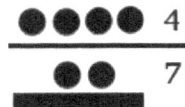

Zaniìnú *(tāpa, lū ni gulāá gādxé ndāá)*

Biēné Abel, xiñeè qui gucōú xcaàdxí ndāá guidúbi tī guiziìdé chāhue'. -Jnēza Andrē, zaziìdú, gulieé ca-ndí.
➢ *Gaàyú, lū ni gulāá xhōnó ndāá*
➢ *gādxé, lū ni gulāá chiì ndāá*
➢ *chōná, lū ni gulāá xhoòpǎ ndāá*
➢ *chuppǎ , lū ni gulāá chiì-bicāto ndāá*
➢ *ga', lū ni gulāá chiìnu ndāá*

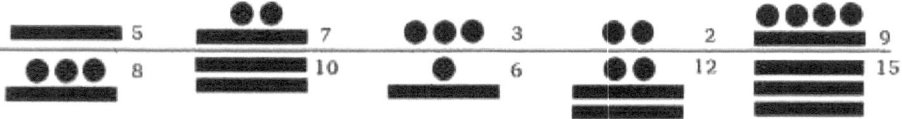

➢ Si de las cuatro partes que dividiste el queso tomas tres, escribes tres arriba y cuatro debajo de la raya, así:

Decimos *(tres de cuatro cuartos)*

➢ Si de un entero dividido en siete partes consideras cuatro, se escribe:

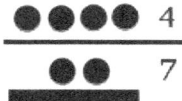

Decimos *(cuatro de siete partes)*

Abel, ya entendí ¿Por qué no haces algunos ejercicios para que aprenda mejor?

-Está bien Andrés; estás aprendiendo, escogí las siguientes:

➢ *Cinco octavos*
➢ *Siete décimos*
➢ *Tres sextos*
➢ *Dos doceavos*
➢ *Nueve quinceavos*

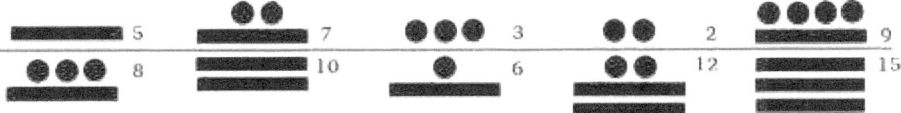

- Abel, zusiìdú naà ugābá galãá ne cuarterōn lá.
- Ma gūdxé liì tī garōndá-galãá ngá jnēza, liì nāṉú, qui zāndá guchaàgú tī galãá né tī garōndá-galãá rūni ngá:

> ➢ Naquiìñe guin'dōú tī galãá gu'nu' laà garōndá-galãá chuppã ndãá.
> ➢ Yāṉa-ru' ma zāndá guchaàgá ca xigābá di'. Zudiì caní *chōṉá lū ni gulãá tāpa ndãá*.

-Abel, yāṉa ru' ma biēné ra guilãá tī galãá, ziãná tī garōndá galãá lá.
> ➢ Yāṉa chigúninú stōbi; chīúchaàga-nú *chuppã lū ni gulãá chōṉá ndãá* né *tōbi lū ni gulãá xhoòpã ndãá*.
> ➢ Rarí (2/3) ni chigūni-nú ngá chiūtále-nú luguiã ne xaguēté chuppã xibiēque, zacá zalūxení *(tāpa lū ni gulãá xhoòpã ndãá)*. *(Tāpa ne tōbi) lū ni gulãá xhoòpã ndãá*.

> ➢ Yāṉa ma zāndá guidxaàgá, rūni ngá zalūxe zudiì-ní *gaàyú lū ni gulãá xhoòpã ndáa,* bie'nu' lá.

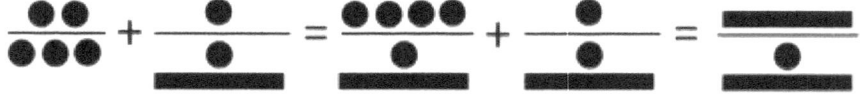

Biēné Abel, cádi nagāna. Mã nāṉá pã chīúchaàgá ndãá guidúbi, naquiìñe guné tōbi-sí ndãá ca-xigāba gulãá.

-Stōbi-di' Andrē, gābé-ca' liì nagāna ná, tī chīúchaàga-nú chuppã lū ni gulãá chōṉá ndãá né tōbi lū ni gulãá tāpa ndãá.

-Pã ngá-ní Abel, chùú-nú chāhui-chaàhuí tī cádi guidxē lūa'.

-Abel, ¿me enseñas a contar mitades con cuarterones?
-Se dice una de las partes de un entero dividido en cuartos, Andrés. Como sabes, no puedes sumar mitades con cuartos, por lo que:

➢ Tenemos que transformar cada mitad, en dos mitades, es decir convertirlas en cuarterones.
➢ Ahora sí ya puedo sumarlos; la suma da tres partes de las cuatro que se dividió el entero.

$$\frac{\bullet}{\bullet\bullet} + \frac{\bullet}{\bullet\bullet\bullet\bullet} = \frac{\bullet\bullet}{\bullet\bullet\bullet\bullet} + \frac{\bullet}{\bullet\bullet\bullet\bullet} = \frac{\bullet\bullet\bullet}{\bullet\bullet\bullet\bullet}$$

Abel, ahora ya entiendo por qué al partir una mitad se transforma en la mitad de una mitad.

➢ Ahora Andrés vamos a hacer otro ejercicio, sumar dos tercios (2/3) con un sexto (1/6).
➢ En este caso (2/3) vamos a multiplicar por dos el numerador y el denominador, así obtendremos *(cuatro sextos)*. Lo que hemos hecho es convertir dos tercios a cuatro sextos.
➢ Ahora ya podemos sumar *(cuatro más uno)* sextos. Igual a *cinco sextos.*

$$\frac{\bullet\bullet}{\bullet\bullet\bullet} + \frac{\bullet}{\bullet} = \frac{\bullet\bullet\bullet\bullet}{\bullet} + \frac{\bullet}{\bullet} = \frac{\rule{1cm}{1pt}}{\bullet}$$

- Entendí Abel, no es difícil. Ahora sé que en la suma de fracciones los denominadores se igualan.

En este otro ejemplo Andrés, te pido más atención; vamos a sumar dos tercios con un cuarto.

-Si es así Abel, vamos por partes para que no me confunda.

- ➤ Xigābá chīú-diì bāndá ndàá chirē bia' caní, ridxēla ra guidālé chōṉá ne tāpa *(chiì-bicāto)* (●●● × ●●●●)
- ➤ Yāṉa chīútāle-nú tāpa xibiēque xigābá chuppá, tí guiàná.

$$\left(\frac{\bullet\bullet\bullet}{\rule{1cm}{0.4pt}} \Big/ \frac{\bullet\bullet}{\rule{1cm}{0.4pt}} \right)$$

- ➤ Ma riaàdxa-sí gutāle-nú xigābá chōṉá ne tōbi; tí guiàná.

$$\left(\bullet\bullet\bullet \Big/ \frac{\bullet\bullet}{\rule{1cm}{0.4pt}} \right)$$

- ➤ (xhōnó ne chōṉá) lū ni gulàá chiì-bicāto ndàá zudiì: *chiì-bitōbi lū ni gulàá chiì-bicāto ndàá.*

$$\frac{\bullet\bullet}{\bullet\bullet\bullet} + \frac{\bullet}{\bullet\bullet\bullet\bullet} = \frac{\bullet\bullet\bullet}{\overline{\bullet\bullet}} + \frac{\bullet\bullet\bullet}{\overline{\bullet\bullet}} = \frac{\bullet}{\overline{\overline{\bullet\bullet}}}$$

-Bie'-nú lá Andrē.

-Biēne', xiìnga lá jmá-pé zaziìdé pǎ gúni-nú stōbi-ní.

-Yā Andrē, ca ndí-ngá chīúchaàgú. Bichàagá chōṉá lū ni gulàá tāpa ndàá ne gaàyú lū ni gulàá xhoòpá ndàá.

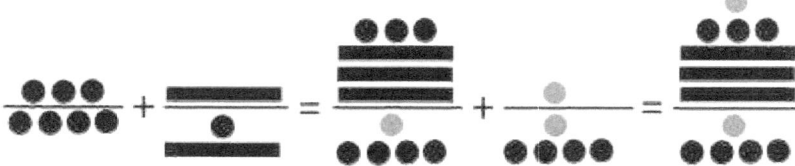

$$\frac{\bullet\bullet\bullet}{\bullet\bullet\bullet\bullet} + \frac{\overline{}}{\bullet} = \frac{\overline{\overline{}}}{\bullet\bullet\bullet} + \frac{}{\bullet\bullet\bullet} = \frac{\overline{\overline{}}}{\bullet\bullet\bullet\bullet}$$

➢ El número que divide a los denominadores, tres y cuatro es el (*doce*) (●●● x ●●●●)

➢ Ahora multiplicamos cuatro por el numerador dos.

$$\left(\frac{●●●}{●●} \Big/ \frac{●●}{●●} \right)$$

➢ Falta multiplicar tres por el numerador uno.

$$\left(●●● \Big/ \frac{●●}{●●} \right)$$

➢ (ocho más tres) partes de un entero dividido en doce fragmentos, dan once doceavos.

$$\frac{●●}{●●●} + \frac{●}{●●●●} = \frac{\frac{●●●}{●●}}{\underline{\underline{}}} + \frac{\frac{●●●}{●●}}{\underline{\underline{}}} = \frac{\frac{●}{●●●}}{\underline{\underline{●●}}}$$

-Andrés, ¿entendiste?
-Entendí, pero mejor si hacemos otro ejemplo.
-Sí Andrés, suma ahora tres partes de un entero dividido en cuatro y cinco fragmentos de un entero dividido en seis.

Aquí (●●●/●●●● + ─── / ─●─)

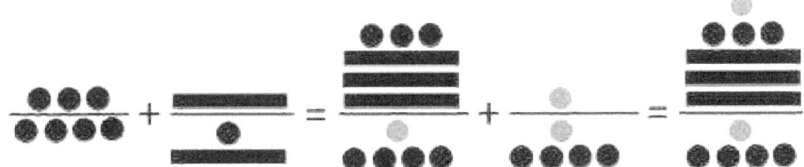

> Rarí Andrē, xigābá tāpa ne xigāba xhoòpá ngá chidālé, racá (●●●● × ━●━ = ●●●●) guidālé xigābá tāpa ne gaàyú (●●●● × ━━ = ●) raqué xhoòpá ne chōṉá

$$\text{━●━} \times \text{●●●} = \frac{\text{●●●}}{\overline{\overline{}}}$$

Gulēzá Abel, cádi chiì-bicāto lácá rāndá riaàsí nēza tāpa ne nēza xhoòpá lá.

-Yā Andrē, nagueèndá caziìdú, rābé-nda' tí nusiìde-ní liì.
-Abel, tī carrēta nāpá chiì-bicāto guīxhe laà-dú ca bīṉí rañà nēza guī-xhe rugāba-dú.

-Jnēza Andrē, chīúcha'-nú (●●●/●●●●) ne (━━/━●━) nēza chiì-bicāto.

> Xigāba guirèé ra qui'zi-nú chiì-bicāto nēza tāpa, ngá-ngá chidāle-nĕ xigābá chōṉá. (●●/━━ / ●●●) = ●●●

> Raqué xigābá chiì-bicāto nēza xhoòpá, ngá-ngá chidāle-nĕ xigābá gaàyú. (●●/━━ / ━●━) = ●●

> Ra gutāle-nú chōṉá nĕ chōṉá zudiì ga'

> Ra gutāle-nú chuppá nĕ gaàyú zudiì chiì (━━/●●/━━)

> Andrés, los números cuatro y seis se multiplican; después multiplicamos los números cuatro y cinco; después seis y tres

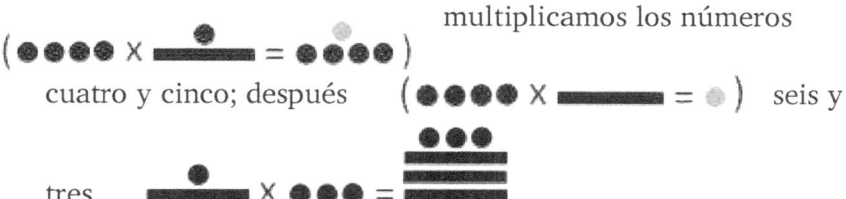

Espera Abel, el número doce, ¿también es divisible entre cuatro y entre seis?

-Sí Andrés, aprendes muy rápido, yo estaba por enseñártelo después.

- Abel, recuerda que una carreta tiene doce redes y los campesinos medimos con redes.

-Bien Andrés, vamos a convertir (●●●/●●●●) y (▬▬/●▬) en doceavos.

> El número que resulta de dividir doce entre cuatro es el factor que multiplica a tres.

> Después, el número doce dividido entre seis resulta el número que va a multiplicar a cinco

> El producto de tres por tres es nueve

> El producto de dos por cinco es diez

➢ Yāna-ru' ma zāndá guidxaàgá

$$\left(\frac{\bullet\bullet\bullet\bullet}{=\!=\!=}\Big/\frac{\bullet\bullet}{=\!=\!=} + \frac{}{=\!=\!=}\Big/\frac{\bullet\bullet}{=\!=\!=}\right)$$

$$\frac{\bullet\bullet\bullet}{\bullet\bullet\bullet} + \frac{}{\bullet} = \frac{\bullet\bullet\bullet\bullet}{\bullet\bullet} + \frac{}{\bullet\bullet} = \frac{\bullet\bullet\bullet\bullet}{\bullet\bullet}$$

- Abel, ñeé zāndá guchaàga-nú chuppá -chōná ndàá lá.

-Yā Andrē, tí guiziìdú, guchaàgú ndàá xigābá, ma zīúcabú naà bia' zinābá diìdxa liì: $(\bullet/\bullet\bullet + \bullet\bullet/\bullet\bullet\bullet + \bullet\bullet\bullet/\bullet\bullet\bullet\bullet)$

-Bāndá ndàá naquiìñe cuĕ-bia'nú tōbi-tōbi xigābá tí gāndá guidxaàga-ca'.

-Abel, rabêé chiì-bicāto ndàá.

-Bāndá chiì-bicāto nāpá tí galàá guidúbi

-Abel, xigābá chiì-bicāto guiaàzí nēza chuppá (xhoòpá), guidālé tōbi.

$$\left(\frac{\bullet}{=\!=\!=}\Big/\frac{\bullet\bullet}{=\!=\!=}\right)$$

-Lāgá chuppá lū ni gulàá chōná ndàá ya'.

-Abel, chiì-bicāto biaàzí nēza chōná (tāpa) guidāle-nĕ chuppá.

$$\left(\frac{\bullet\bullet\bullet}{=\!=\!=}\Big/\frac{\bullet\bullet}{=\!=\!=}\right)$$

-Bāndá chiì-bicāto nāpá chōná lū ni gulàá tāpa ndàá.

-Abel, chiì-bicāto biaàzí nēza tāpa (chōná) guidāle-nĕ chōná.

$$\left(\frac{\bullet\bullet\bullet\bullet}{=\!=\!=}\Big/\frac{\bullet\bullet}{=\!=\!=}\right)$$

➢ Ahora ya podemos sumar

$$\left(\frac{••••}{\overline{\overline{}}} / \frac{••}{\overline{\overline{}}} + \frac{\overline{}}{\overline{}} / \frac{••}{\overline{\overline{}}}\right)$$

$$\frac{•••}{••••} + \frac{\overline{}}{•} = \frac{••••}{\overline{\overline{}} \, ••} + \frac{\overline{}}{\overline{\overline{}} \, ••} = \frac{••••}{\overline{\overline{}} \, ••}$$

Abel, ¿podemos sumar más de dos fracciones?

-Sí Andrés, para que aprendas, vamos a sumar:

Ahora te voy a hacer preguntas.

$(•/•• + ••/••• + •••/••••)$

-¿En cuántas partes se requiere dividir cada fracción para que puedan sumarse?

-Abel, creo que en doce partes.

-Cuántos doceavos resultan de un medio.

-Abel, doce dividido entre dos multiplicado por uno

$$\left(\frac{•}{\overline{\overline{}}} / \frac{••}{\overline{\overline{}}}\right)$$

-¿Y la fracción dos tercios?

-Abel, dividimos doce entre tres, y el resultado lo multiplicamos por dos $\left(\frac{•••}{\overline{\overline{}}} / \frac{••}{\overline{\overline{}}}\right)$

-Para terminar, ¿y la fracción tres cuartos?

-Abel, doce dividido entre cuatro multiplicado por tres.

$$\left(\frac{••••}{\overline{\overline{}}} / \frac{••}{\overline{\overline{}}}\right)$$

-Yāna gūdxi naà pabia' rudiì-caní.

$$\frac{\bullet}{\bullet\bullet} + \frac{\bullet\bullet}{\bullet\bullet\bullet} + \frac{\bullet\bullet\bullet}{\bullet\bullet\bullet\bullet} = \frac{\dfrac{\bullet}{\bullet\bullet}}{\rule{1cm}{1pt}} + \frac{\dfrac{\bullet\bullet\bullet}{\bullet\bullet}}{\rule{1cm}{1pt}} + \frac{\dfrac{\bullet\bullet\bullet\bullet}{\bullet\bullet}}{\rule{1cm}{1pt}} = \frac{\dfrac{\bullet\bullet\bullet}{\bullet\bullet}}{\rule{1cm}{1pt}}$$

-Ahora dime, ¿cuál es el resultado?

$$\frac{\bullet}{\bullet\bullet} + \frac{\bullet\bullet}{\bullet\bullet\bullet} + \frac{\bullet\bullet\bullet}{\bullet\bullet\bullet\bullet} = \frac{\bullet}{\overline{\overline{\overline{\bullet\bullet}}}} + \frac{\bullet\bullet\bullet}{\overline{\overline{\bullet\bullet}}} + \frac{\bullet\bullet\bullet\bullet}{\overline{\overline{\bullet\bullet}}} = \frac{\bullet\bullet\bullet}{\overline{\overline{\bullet\bullet}}}$$

GUĒNDA RUTĀLÉ NDÃÁ GUIDÚBI

-Andrē, ma zāndá guiziì-dú gutálú ndãá xigābá.

-Guzùlū-nú Abel.

-Andrē, tī cádi guchēú, pã chīúta-lú ndãá guidúbi, naquiìñe guēdasilū liì, ra ridālé chuppã xigābá, ni zã-níru ngá chīúdiì bia' xibiēque chidxaàga-lisaà stōbi-ca. Bīna yāṉa.

> ➤ Chuppã cutālé tōbí, xigābá chuppã zuchaàga-lisaà xigābá tōbi chuppã xibiēque; $(●● \times ● = ● + ● = ●●)$
>
> ➤ Tōbi cutālé tōbí, xigābá tōbí zadxaàga-lisaà tī xibiēque; $(● \times ● = ●)$
>
> ➤ Tī galãá cutālé tōbí, xigābá tōbi zadxaàga-lisaà galãá tī xibiēque; $(●/●● \times ● = ●/●●)$
>
> ➤ Tī garōndá galãá cutālé tōbi, xigābá tōbi zudiì tī garōndá galãá xibiēque. $(●/●●●● \times ● = ●/●●●●)$

Cadālé	Xig. Zã níru	Guirōpa chidxaàga	Bia' ridālé
●●●×●●	●●●	●●	●●+●●+●●
●●×●	●●	●	●+●
●×●	●	●	
●×	●		
●×●/●●	●	●/●●	●/●●
●/●●●×●	●/●●●	●	●/●●●
●/●●●●●×●●	●/●●●●●	●●	●●/●●●●●
●/●●×●/●●	●/●●	●/●●	●/●●●●
●●/●●●×●●●/●●●●	●●/●●●	●●●/●●●●	●/●●

Gulēza Abel; biziã xtiìdxá-lú tī ma bichēndu' naà.

MULTIPLICACIÓN DE FRACCIONES COMUNES

-Andrés, ahora ya puedes aprender a multiplicar fracciones.

-Iniciemos Abel.

-Mira Andrés, para que no te confundas, debes recordar que cuando se multiplican dos números, el primero, indica las veces que se suma a sí mismo el otro. Pon atención.

- ➢ El número dos indica que el uno se suma dos veces
  $(•• \times • = • + • = ••)$
- ➢ Uno por uno: se suma el número uno, una sola vez
  $(• \times • = •)$
- ➢ Un medio por uno: el medio hace que el uno alcance la mitad de su valor, es decir $(•/•• \times • = •/••)$
- ➢ Un cuarto por uno: indica que un cuarto hace que el uno alcance la cuarta parte de su valor.
  $(•/•••• \times • = •/••••)$

Se multiplican	1er factor	2° factor	Resultado
••• × ••	•••	••	•• + •• + ••
•• × •	••	•	• + •
• × •	•	•	•
• ×	•		
• × •/••	•	•/••	•/••
•/••• × •	•/•••	•	•/•••
•/••••• × ••	•/•••••	••	••/•••••
•/•• × •/••	•/••	•/••	•/••••
••/••• × •••/••••	••/•••	•••/••••	•/••

-Espera Abel; explícame más despacio.

Xiñeè tī galâá gutālé tī galâá zudiì tī xigābá jmá nahuiìní.

-Andrē; tī cádi guidxē lū-lú, xigābá zā-níru ngá chīúdiì bia' xibiēque guirópa xigābá.

Pă tī galâá chīútālé tōbí, (●/●●×●) galâá-cá, zūni guidxaàgá galâá-sí tī xibiēque, rūni ngá zudiìní (●/●●)

-Bicābí naà yāna; tōbi gutālé tōbi lū ni gulâá chōná ndâá, pă bia' rudiì.
-Abel, ma biēne', zudiìní: (*tōbi lū ni gulâá, chōna ndâá*), tī xigābá tōbi, bidiì tōbi lū ni gulâá chōná. Jnēza lá.

-Caziìdú Andrē; yāna, cádi chīúsiaàndú: *guirópa ndâá-guidúbi cadālé, rudiì bia' xibiēque chudiì xigāba zā-níru*.

Yāna-ru' rābé zie'nú xiñeè rudiì tī galâá guidālé xtī galâá, tī garōndá-galâá.

Biìya ná chindāqué-chāhué guēnda-ridālé di':
-Gulēzá guùya' pă zāndá gúne-ní stūbe Abel. Pă tī galâá, gudiì galâá tī xibiēque, ziàná, *galâá tī galâá* (*tī garōndá-galâá*).
Jnēza Andrē, ma nánu ra gutālú chuppă ndâá zudiì stī ndâá, bitālé xigābá că luguiă raquĕ bicà-ní luguiă ne xaguēté ni că xaguēté.

> Zucōú luguiă bia' ridālé tōbi-tōbi guirōpá ndâá-guidúbi (● × ● = ●).

> Xaguēté, ridālé tōbi-tōbi bia' gulâá guirōpá ndâá (●● × ●● = ●●●●)

$$\frac{●}{●●} \times \frac{●}{●●} = \frac{● \times ●}{●●}$$

¿Por qué si multiplico una mitad con otra mitad, da una fracción más pequeña?

-Andrés no te confundas; considera que el primer factor es el que indica las veces que el segundo se suma.

-En un medio por uno (●/●● x ●), la unidad debe de sumarse una media vez, por esto el producto es un *medio* (●/●●)

-Andrés, ahora contéstame: uno multiplicado por un tercio, ¿cuánto da?

-Abel, para convencerte que ya entendí, *resulta un tercio*, porque el tercio se suma a sí mismo una sola vez. ¿Estoy bien?

-Sí Andrés; sólo quiero que no olvides que el primer factor es el que determina las veces que se suma el segundo.

Creo que ya puedes entender por qué un medio por un medio da un cuarto.

Observa; vamos a ordenar la multiplicación.

-Espera, quiero hacerlo solo. Si un medio se suma a sí mismo la mitad, queda un cuarto de su valor.

-Bien Andrés, ya sabes lo que ocurre con dos fracciones que se multiplican, ahora te voy a explicar cómo hacerlo más rápido.

> Se escribe arriba el producto de los numeradores

(● x ● = ●)

> Abajo, se multiplican los denominadores

(●● x ●● = ●●●●)

$$\frac{●}{●●} \times \frac{●}{●●} = \frac{● \times ●}{●●}$$

Rūni ngá Andrē, rudiì-ní tī garōndá galầá, bie'nú lá.

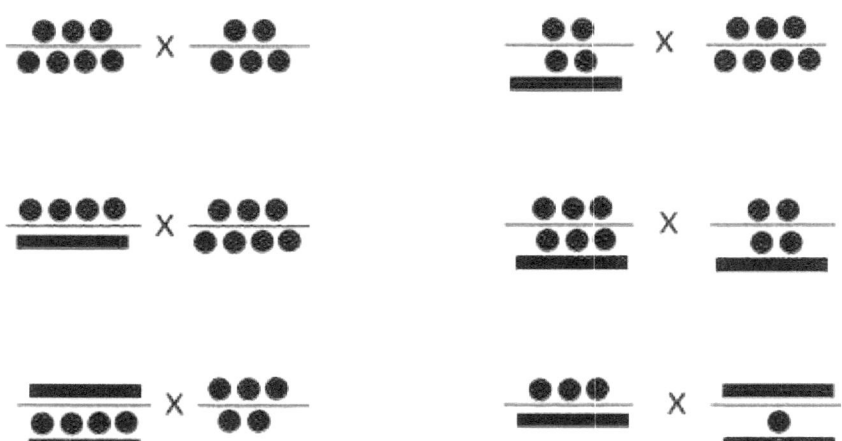

-Biēné Abel. Nīsí-pe' zé guēnda-rutālé ndầá-guidúbi.

-Bitālé ca-ndầá guidúbi chīúcắ, tí guùya' pắ dxāndí.

Por esta razón Andrés, el resultado es un cuarto; ¿entendiste?

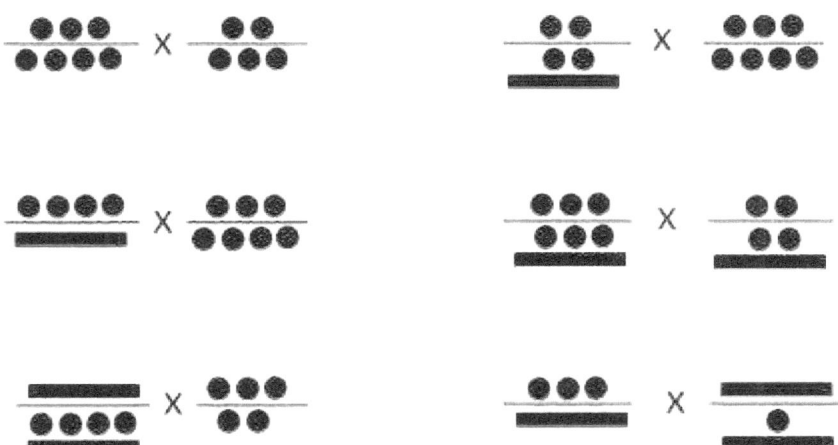

-Entendí Abel, vas a tardar más en preguntar que yo en responder.

-Multiplica las siguientes fracciones y veamos si es cierto.

GUĒNDA RIGUIÌZÍ NDĀÁ GUIDÚBI

-Andrē, ni chigūni-nú lá, chitiìzi-nú ndāá-guidúbi.
Rari', tī cádi guchêú chūúnú chāhui-chaàhuí.
Bicābí naà:

Pá lū tī guīxhe nīza guchá-nú chōṉá dxūmmi (*tī guidúbi*), pá-bia' nīza ziné tōbi-tōbi ca'.

-Ziné-caní *tōbi lū ni gulāá chōṉá ndāá* tī tī guīxhe riné chōṉá dxūmmi.

	Guiaàzí lū		Zudiì
Ti yua'	●●	●	Guixhe
Ti cuartīú	●●●●	●	Lítru
Ti carrēta	●●●●●●●●●●	●	Guixhe
Ti etárea	●●●/●●	●	Almo
Ti guixhe	●/●●●	●	Dxūmmi

Jnēza Andrē, yāṉa biìya pá zie'nú ndāá-guidúbi nucá xaguēté:

Abel; xiñeè tī guīxhe nīza guiaàzí lū chōṉá dxūmmi rudiì, (*tobi lū ni gulāá chōṉá ndāá*) ya'. Bisiēne naà.

-Andrē; tī guīxhe nīza riné chōṉá dxūmmi, pá guchá-lú lū tōbi-tōbi dxūmmi, tī dxūmmi ziné (*tī guīxhe gulāá chōṉá ndāá*), ●/●●●

Zaquēcá; tī cuartīú riné tāpa lítru, pá guchálu-ní lū tōbi-tōbi lítru, tī lítru ziné (*tī cuartīú gulāá tāpa ndāá*), (●/●●●●)

DIVISÓN DE FRACCCIONES COMUNES

-Andrés, ahora lo que vamos a hacer es dividir fracciones de enteros, para que no te equivoques vamos paso a paso.

Contesta:

Si de una red de mazorca (*un entero*) llenamos tres canastos, ¿cuánta mazorca lleva cada uno de los canastos?

-Llevan una tercera parte, porque una red equivale a tres canastos.

-Correcto Andrés, ahora observa las fracciones figuradas abajo.

	Entre	Resultado	
Una carga	● ●	●	Red
Un cuartillo	● ● ● ●	●	Litro
Una carreta	● ● ● ● ● ● ● ● ● ●	●	Red
Una hectárea	● ● ● / ● ●	●	Almud
Una red	● / ● ● ●	●	Canasto

-Abel, ¿por qué una red dividida en tres canastos, lleva cada uno de ellos *un tercio de la red*? Explícame.

Andrés; una red de mazorca contiene tres canastos, si lo repartes equitativamente, cada canasto lleva por tanto, una tercera parte ●/●●●

Asimismo; un cuartillo de maíz contiene cuatro litros, si lo repartes equitativamente en los cuatro litros, cada litro llevará un cuarto (●/●●●●)

Liì nānú Andrē; tī carrēta nīza riné chiì-bicāto guīxhe, rūni ngá tī guīxhe zinē bia' riné *tī carrēta guilāá chiì-bicāto ndāá.*

-Biēné Abel, ne xiñeè tī guīxhe nīza zuchā chōná xibiēque, tī (●/●●●) dxūmmi.

-Zacá-ní Andrē; yāna biìya-dxī xcádxi ndāáguidúbi bică.

●/●●	Guīxhe	Guiaàzí lū	●●●	Zudiì	●/●●●●●●
●/●●●	Carrēta	Guiaàzí lū	●●	Zudiì	●/●●●●●●
●/●●	Etária	Guiaàzí lū	●●	Zudiì	●/●●●●
●/●●●●	Carrēta	Guiaàzí lū	●/●●	Zudiì	●/●●

- Gulēzá Abel; ma bichēndú naà, cádi cayēné; xiñeè ra riguiìzú galāá-garōndá carrēta nēza tī galāá rudiì tī galāá.

Andrē, tī guiēne-lú chitiìzi-nú nēza guīxhe; tī garōndá-galāá (●/●●●●) carrēta, zuchā chōná (●●●) guīxhe, tī galāá-ní, xhoòpá-xā, rūni ngá chōná-cá guiaàzí lāde tī galāá zudiì xhoòpá guīxhe bia'si (●/●●) carrēta.

Nùú stī nēza riaàzí ndāá guidúbi Andrē, tī cádi guchè-lú gula'qui chaàhui ndāá guidúbi, sicari':

$$\frac{\bullet}{\bullet\bullet} \div \frac{\bullet\bullet\bullet}{\bullet}$$

Biìya ná, ndāá guidúbi (●/●●) bică scāsi laà, ne guidúbi (●●●) sīca ricā ndāá guidúbi ra quiìzi-nú nēza tōbi (●●●/●)

Andrés, tú sabes que una carreta de mazorca lleva doce redes, por ésto una red contiene una doceava parte de la carreta.

-Entendí Abel, y el por qué una red de mazorca llena tres veces un canasto. (●/●●●)

-Así es Andrés; ahora observa otras fracciones que escribí.

●/●●	Red	Entre	●●●	Da	●/●●●●●●
●/●●●	Carreta	Entre	●●	Da	●/●●●●●●
●/●●	Hectárea	Entre	●●	Da	●/●●●●
●/●●●●	Carreta	Entre	●/●●	Da	●/●●

-Espera Abel, ya me confundiste, no entiendo; por qué cuando divides la cuarta parte de una carreta entre un medio da un medio.

Andrés, para que entiendas, hagamos la conversión de carretas a redes; un cuarto (●/●●●●) de carreta es igual a tres (●●●) redes, si las dividimos entre una mitad darán seis redes que es igual a (●/●●) carreta.

Hay otro método para dividir fracciones Andrés, para no confundirte coloca las fracciones de esta forma:

$$\frac{●}{●●} \div \frac{●●●}{●}$$

> Fíjate, un medio (●/●●) escríbela como es, y el entero (●●●) escríbelo como una fracción dividida entre uno (●●●/●)

> Biìya yāna xí bīne':

$$\frac{\bullet}{\bullet\bullet} \div \frac{\bullet\bullet\bullet}{\bullet} = \frac{\frac{\bullet}{\bullet}}{\rule{1cm}{1mm}}$$

> Bitālé xigābá tōbi cá luguiá, né xigāba tōbi cá xaguēté $(\bullet \times \bullet = \bullet)$, bicá luguiá; raqué xigābá chuppá cá xaguēté né xigābá chōná cá luguiá $(\bullet\bullet \times \bullet\bullet\bullet = \bullet\bullet\bullet\bullet\bullet\bullet)$, bicá xaguēte'.

> Yenāndá nēza ziúlui' īque-bāxá, tí qui guchēú.

> Yāna pá chitiìzú tī galāá etária layū lū chuppá xiìñú, tí gānú bia' layū guicá tōbi-tōbi, cádi guindāá-i'cu', bi'ni' sicari':

$$\frac{\bullet}{\bullet\bullet} \div \frac{\bullet\bullet}{\bullet} = \frac{\bullet}{\bullet\bullet\bullet\bullet}$$

Má gulé-nú xiñeè ra quiìzú tī garōndá-galāá carrēta nēza tī galāá, rudiì tī galāá. Bidxēla-ní lū gui'chi', zāndá lá.
-Zāndá Abel; biìya pá jnēza.

$$\frac{\frac{\bullet}{\bullet\bullet\bullet\bullet}}{} \div \frac{\bullet}{\bullet\bullet} = \frac{\bullet\bullet}{\bullet\bullet\bullet\bullet} = \frac{\bullet}{\bullet\bullet}$$

- Jnēza Andrē, tí chuppá lū ni gulāá tāpa ndāá, bia'sí tī galāá; bie'nú lá.

-Biēné Abel; rābé zāndá quiìze xcaàdxí guēnda riguiìzí ndāá-guidúbi pá liì nōú.

➢ Mira ahora que hice:

$$\frac{\bullet}{\bullet\bullet} \div \frac{\bullet\bullet\bullet}{\bullet} = \frac{\bullet}{\rule{2cm}{0.4pt}}$$

➢ Multiplica el uno que está arriba, con el número uno escrito abajo $(\bullet \times \bullet = \bullet)$, escribe arriba, después multiplica el número dos de abajo por el tres de arriba $(\bullet\bullet \times \bullet\bullet\bullet = \bullet\bullet\bullet\bullet\bullet\bullet)$ y lo escribes abajo.

➢ Sigue la dirección que marca la punta de la flecha, para no equivocarte.

➢ Ahora, si vas a dividir media hectárea de tierra entre dos de tus hijos, para saber cuánto le corresponde a cada uno, no te quiebres la cabeza, hazlo así:

$$\frac{\bullet}{\bullet\bullet} \div \frac{\bullet\bullet}{\bullet} = \frac{\bullet}{\bullet\bullet\bullet\bullet}$$

Ya sabemos por qué al dividir un cuarto de carreta entre una mitad, da una mitad. ¿Puedes calcularlo con números?

-Sí puedo Abel, mira si está bien.

$$\frac{\bullet}{\bullet\bullet\bullet\bullet} \div \frac{\bullet}{\bullet\bullet} = \frac{\bullet\bullet}{\bullet\bullet\bullet\bullet} = \frac{\bullet}{\bullet\bullet}$$

-Está bien Andrés, porque dos cuartos dividido entre dos pues da un medio.

-Entendí Abel, creo que puedo hacer otras operaciones si tú me lo indicas.

-Yā Andrē, ndí ngá laà-caní.

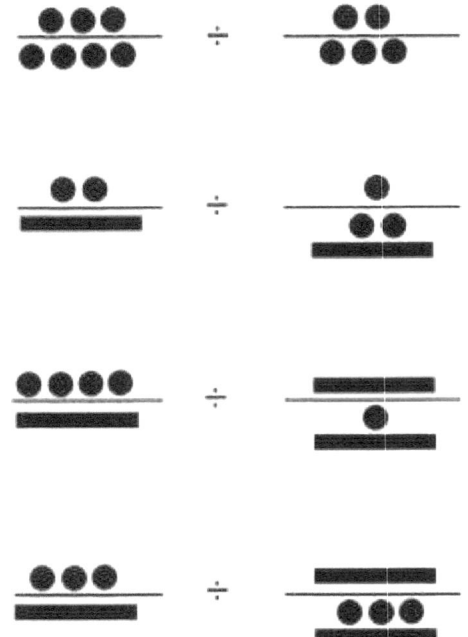

-Sí Andrés, realiza las siguientes operaciones.

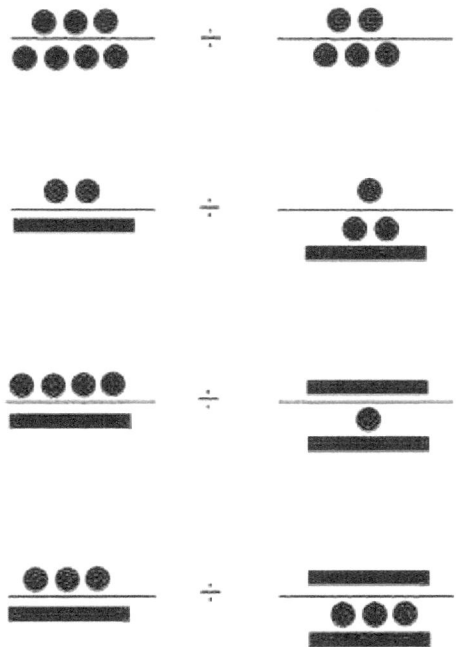

XIGĀBÁ GA'CHI SĀCA

-Andrē, ma rāndá rugābú xigaba nān̄ú bia' risāca.
Stāle-ní, qui rusūhuin̄í bia' nāca'.

-Abel, pă cagui'tú naà, pă cádi cayēné xi nōú, tī xigābá qui gudiì bia' risāca, qui zāndá gācá xigābá.

-Andrē qui zaguīte liì. Tī guie'nú, bicābí naà: nān̄ú bāndá īza nāpá lá.
-Co' Abel, qui reèda-silú naà.

-Liì co', naà nān̄á xhīza-lú, dxi'bá liì chōn̄á īza Andrē.
-Zacá ma bichaàní-xā. Nāpu' toaà-bitaà īza, dxāndí lá.

-Dxāndí; ma nān̄ú yān̄a, nùú xigābá rucaàchi sāca. Ca xigābá di', tī gāndá guidxēla bia' risāca, naquiìñe chu' tú gului' raga'chi'.

-Sīca ñāca-ca' xigābá di' caguīté mbiìquí lá.

-Yā Andrē, tī nùú xigābá cádi zé-sí zadxēla sāca, chīúsiìde liì chāhui-chaàhuí.
Ca xigābá di', dxú rucāní nē tī dīdxa-biúxé equi (x).
Yān̄a ma nān̄ú, ra gu'yu' (x), xigābá di' caguīté mbiìquí (*nucaàchi-lū*).

-Abel, lāgá pă guùya chuppă dīdxa-biúxé ya'.

-Yā liì Andrē, ma chuppă xigābá di' nucaàchi sāca; dxú rucaà guirópa xigābá nē dīdxa-biúxé (y), nē pă nùú stōbi lá nē tī (z).

ECUACIONES

-Andrés, con lo que has aprendido ya puedes contar números que conoces, pero existen otros números que no muestran su valor.

-Abel, me estás engañando o no te entiendo, si un número no muestra su valor, no es número.

-Andrés no te engaño. Para que me entiendas, responde: ¿sabes cuántos años tengo?

-No Abel, no me acuerdo.
-Tú no, yo sí sé tu edad, tengo tres años más que tú, Andrés.
-Así ya cambia la cosa. Tienes cuarenta y cuatro años, ¿cierto?

-Cierto; ahora ya sabes que los números a veces ocultan su valor, y para poder hallarlos se requiere de la ayuda de otro número.

-¿Como si los números jugaran a las escondidas?

-Sí Andrés, hay números que saben ocultar su valor, voy a enseñarte poco a poco qué hacer para hallarlos.
Este tipo de números, se representan usualmente con una letra (x).
A partir de ahora, si ves una (x), es una incógnita.

-¿Y si veo dos consonantes, son dos las incógnitas?

-Sí Andrés, se acostumbra escribir una segunda incógnita con la (y), y si aparece otra, con una (z).

-Biēné Abel, xíru'.

-Yāṉa, chiúsiēte nalādxe' liì:

Tī xigābá chidālé chuppá, zadxaàgá-lisaà chuppá xibiēque.

> ➢ Chuppá guidālé chōṉá zacā (●● × ●●●), xigābá chōṉá zadxaàga-lisaà chuppá xibiēque (●●● + ●●●).
> ➢ Chuppá gutālé tī xigābá qui gāṉú sāca, zuca'-nú laà, (●●x); rari' xigābá (x) ngá chidxaàgá-lisaà chuppá xibiēque ($x + x$); zaquēcá ra guùyu' ($x + x + x + x$), zāndá gucōú (●●●●x)
> ➢ Pá lū gui'chi' guùyu' cá (●●x + ●●●y), xigābá zā níru dxaàgá-lisaà chuppá biēque; guirópa xigābá-cá, chōṉá biēque.

- Caye'nú lá.

-Yā Abel, bicà caàdxí gūne'.

-Andrē, bicà ca xigābá chinābá-diìdxá liì:
> ➢ Ra cadxaàgá chuppá xigābá.
> ➢ Lū tī xigābá chireè chōṉá.
> ➢ Ra cadālé chuppá xigābá.
> ➢ Tī xigāba caguiìzu lāde chuppá.
> ➢ Biìnda xí nucá: ●●●x − ●●y = ●●
> ➢ Zaquēcá: ▬▬ $x + y /$ ●●● = ▬▬ + x

-Chiúcābé liì Abel.
> ➢ Ra cadxaàgá chuppá xigāba qui gāṉú bia' risáca zacā: $x + y$.
> ➢ Pá lū tī xigābá chireè chōṉá, zacā: $x -$ ●●●.
> ➢ Ra cadālé chuppá xigāba zacā: xy.
> ➢ Tī xigāba caguiìzú lū stōbi zacā: x/y

-Ya entendí Abel. ¿Qué más?

-Ahora, vas a hacer memoria:

Una cifra multiplicada por dos se suma dos veces a sí misma.

- ➢ Dos por tres se escribe (●● × ●●●), el número dos se suma a sí mismo dos veces (●●● + ●●●).
- ➢ Dos multiplicado por un número desconocido se escribe (●● x); aquí la incógnita (x) es la que se suma dos veces ($x + x$); de manera analoga, donde veas ($x + x + x + x$), puedes escribir (●●●● x)
- ➢ Cuando veas (●● x + ●●● y) el valor de las incógnitas aunque se desconozcan, el primero indica que está sumado dos veces y el otro tres veces.

¿Entendiste Andrés?

-Sí Abel, escribe algunos para que yo resuelva.

-Andrés, escribe los números que voy a preguntarte.
- ➢ La suma de dos números.
- ➢ Un número menos tres.
- ➢ El producto de dos números.
- ➢ El cociente de dos números.
- ➢ Lee lo que escribí: ●●● x − ●● y = ●●
- ➢ Analogamente ═══ $x + y$ / ●●● = ═══ + x

-Voy a responderte Abel.
- ➢ La suma de dos números se escribe: $x + y$.
- ➢ Un número menos tres unidades se escribe: $x -$ ●●●
- ➢ El producto de dos números se escribe: xy.
- ➢ El cociente de dos números se escribe: x/y.

- ➤ Tī xigāba cadxaàgá chōṉá, guirēé stōbi cadxaàgá chuppá, rudiì chuppá.
- ➤ Gaàyú utālé tī xigābá nĕ stōbi gulāá chōṉá ndāá zudiì chiì, guirēé xigābá zá níru. Jnēza lá.

-Jnēza Andrē, qui zāndaà zagui'tu naà luguiă guēnda rugābá xigābá.
-Liì ngá cagui'tú īque Abel, ni zāndá gābe liì, cayuù-ladxe' guyūbé sāca xigābá nucaàchi' bia' laà.

-Co' Andrē, gūdxi naà: bāndá īza nāpá xheèla' pă riădxa chiì īza, raquĕ gusaà galāá gayuaà īza.

-Cádi pe' nagāna Abel, nāpa-bé toaà īza, tī ra tidi' chiì īza zuzaà toaà-bichiì īza.

- Toaà-bichiì īza, bia'sí galāá gayuaà īza; rūni ngá gābé liì, xheèlú nāpă toaà īza Abel.

-Jnēza Andrē; ñĕ zāndá gucōú ne gu'nu-ní lū gui'chi' lá.

-Zāndá Abel, yenānda naà tī gu'yu' pă ziă jnēza.

-Zāndá gu'nu-ní Andrē; xìnga, pă ma bicōú *duùba bia'ca* (=), ca xigābá că bīgá-ní zasāca bia' ca xigābá că ndīgá-ní.

-Abel; pă nganí, xigābá guicā bīgá ngá (x), tī nagāsí qui gaṉa-nú pă bia' sāca pă tīdi chiì īza zāpá: $(x + \rule{1cm}{0.3cm})$.

➢ Si al triple de un número restamos el doble de otro es igual a dos.
➢ El quíntuplo de un número sumado a la tercera parte de otro es igual a diez más el primero. ¿estoy bien?

-Bien Andrés, en poco tiempo me vas a ganar en la numeración.
Cómo crees Abel, lo que te puedo decir es que me gusta resolver ecuaciones.

-No Andrés, dime ¿cuántos años tiene mi esposa si faltan 10 años para que cumpla medio siglo?

-Eso no está difícil Abel, tiene cuarenta años, porque dentro de diez años va a cumplir cincuenta años.

Cincuenta años es la mitad de un siglo, por eso te digo que tu esposa tiene cuarenta años.

-Muy bien Andrés, ¿puedes plantear y resolver este problema mediante números?
-Puedo Abel, sígueme para que me vayas corrigiendo.

-Puedes hacerlo Andrés, pero si ya escribiste el signo igual los números deben ser equivalentes en ambos lados del signo.

-Abel, sí, es así, el número que se escribe a la izquierda es (x) porque no sabemos su valor, diez años después tendrá: $(x + \rule{2em}{0.4ex})$.

-Nāndá tī duùba *bia'ca* (=), ndīgá-ní, zacā bāndá īza zusaà xheèla', bia'si reèda guiāná $x + \blacksquare = \blacksquare$ Abel, rari' bicāya', xī gūné tī gusaàna x stūbi.

-Andrē, naquiìñe guca'nú *bia'cá tōbi bia'cá stōbi*.

$$x + \blacksquare = \blacksquare$$

- Tī gāndá guíaàna xigābá ga'chi' sāca stūbí (x), zabēé chiì dxaàgané (x); yāṉa, ma birēé chiì bīgá duùba bia'ca laà, lâca zabēé-nú chiì ndīgá-ní:

$$x + \blacksquare - \blacksquare = \blacksquare - \blacksquare$$

$$x = \bullet\bullet \qquad (x) \text{ qui zuchaà}$$

-Dxāndí nōú Abel, tī xigābá cadxēla sāca guiāná stūbí, xiñeè qui cuēé-nú chiì cadxaàga-ní ya'; zacā (x) ziāná stūbí.

> Ma gulēé-nú chiì bīga' bia'cá, yāṉa cuēé-nú chiì ndīga' tī cádi guche'-nú.

$$x + \blacksquare - \blacksquare = \blacksquare - \blacksquare$$

$$x = \bullet\bullet$$

-Andrē, lágūni xcaàdxí xigābá gāca-nĕ guiēne-nú xcaàdxí:
> Ra dxaàga-lisaà tī xigābá chuppá xibiēque.
> Ra dxaàgá-lisaà tī xigābá chōṉá xibiēque.
> Chuppá bidāle-nĕ tī xigābá, ne chōṉá bidāle-nĕ stōbi.
> Tāpa lū tī xigābá dxaàgá-lisaà chuppá xibiēque, cuēé-nú chōṉá, ziāná chiìnu-bicāto.

-Ahora sigue un signo igual (=), y a la derecha los años que va a cumplir $x + \rule{2cm}{0.3cm} = \overset{\bullet\bullet}{\rule{2cm}{0.3cm}}$

- Abel, aquí me atoré ¿qué debo hacer para dejar sola la *x*?

-Andrés, necesitamos escribir la igualdad.

$$x + \rule{2cm}{0.3cm} = \overset{\bullet\bullet}{\rule{2cm}{0.3cm}}$$

Para que quede la incógnita sola (*x*) debo restar diez a la izquierda; ahora, si quité 10 a la izquierda debo quitar diez a la derecha para que la igualdad no se altere:

$$x + \rule{1.5cm}{0.3cm} - \rule{1.5cm}{0.3cm} = \overset{\bullet\bullet}{\rule{1.5cm}{0.3cm}} - \rule{1.5cm}{0.3cm}$$

$$x = \bullet\bullet \qquad\qquad (x) \text{ no cambia}$$

-Tienes razón Abel, a un número que se está despejando, ¿por qué no le quitamos diez? así (*x*) queda sola.

> Ya le quitamos diez a la izquierda y quitamos diez a su derecha para que no se altere.

$$x + \rule{1.5cm}{0.3cm} - \rule{1.5cm}{0.3cm} = \overset{\bullet\bullet}{\rule{1.5cm}{0.3cm}} - \rule{1.5cm}{0.3cm}$$

$$x = \bullet\bullet$$

-Andrés, hagamos otros ejemplos para comprender mejor:

> Un número cualquiera sumado dos veces.
> Un número cualquiera sumado tres veces.
> El doble de un número sumado al triple de otro.
> Si al doble de un número se le restan tres unidades quedan diecisiete.

> Ra dxaàgá chuppá xigābá rudiì chiì; tāpa lū tōbi guirêé sāca stōbi- zudiì tāpa.

-Abel, zulua' zāndá gūné-caní, stūbé sia':

> Ra dxaàga-lisaà tī xigābá chuppá xibiēque.

$$\bullet\bullet\, x$$

> Ra dxaàga-lisaà tī xigāba chōná xibiēque.

$$\bullet\bullet\bullet\, x$$

> Chuppá bidālé tī xigāba, ne chōná bidālé stōbi.

$$\bullet\bullet\, x + \bullet\bullet\bullet\, y$$

> Tī xigābá dxaàga-lisaà chuppá xibiēque, guirêé chōná, riāná chiìnu-bicāto.

$$\bullet\bullet\, x - \bullet\bullet\bullet\, = \overline{\overline{\bullet\bullet}}$$

> Ra dxaàgá chuppá xigābá rudiì chiì; tāpa lū tōbi guirêé sāca stōbi-cá zudiì tāpa.

$$x + y = \overline{\overline{}}\, ; \, x - y = \bullet\bullet\bullet\bullet$$

-Chiyūbi-nú sāca caàdxi xigābá nucaàchí bia' laà, naà zināba diìdxá, liì ziúcā-bú:

Chōná xibiēque tī xigāba guidxaàga-nē chuppá, zudiì gāndé. Bicá *xtuùba bia'cá*, ne bidxēla xigābá ga'chi' sāca.

-Abel, biìya pã jnēza.

> Chōná xibiēque tī xigābá guidxaàga-nē chuppá zudiì gāndé, ricā: $\bullet\bullet\bullet\, x + \bullet\bullet =$

> Tī guiāná (x) stūbi, zabêé xigābá chuppá bīga' ne ndīga':

$$\bullet\bullet\bullet\, x + \bullet\bullet - \bullet\bullet = \bullet - \bullet\bullet\, ; \, \bullet\bullet\bullet\, x = \overline{\overline{\overline{\bullet\bullet\bullet}}}$$

> La suma de dos números dan diez, si del primero resto el valor del otro dan cuatro.

-Abel, creo poder hacerlo solo.

> *Un número cualquiera sumado dos veces.*

$$\bullet\bullet\, x$$

> *Un número cualquiera sumado tres veces.*

$$\bullet\bullet\bullet\, x$$

> *El doble de un número sumado al triple de otro.*

$$\bullet\bullet\, x + \bullet\bullet\bullet\, y$$

> *Si al doble de un número se le restan tres unidades quedan doce.*

$$\bullet\bullet\, x - \bullet\bullet\bullet = \overline{\overline{}}$$

> *La suma de dos números dan diez, si del primero resto el valor del otro dan cuatro.*

$$x + y = \overline{\overline{}}\, ;\ x - y = \bullet\bullet\bullet\bullet$$

-Vamos a resolver algunas ecuaciones; conforme vaya preguntando, vas respondiendo:

El triple de un número más dos, da veinte. Escribe la ecuación y encuentra el valor de la incógnita.

-Abel, observa si lo hago bien.

> El triple de un número más dos, da veinte:

$$\bullet\bullet\bullet\, x + \bullet\bullet = \circ$$

> Voy a restar dos a la izquierda y a la derecha del signo igual.

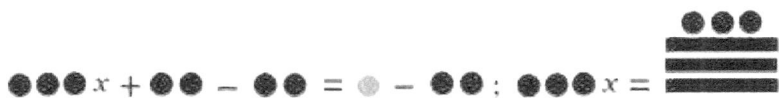

$$\bullet\bullet\bullet\, x + \bullet\bullet - \bullet\bullet = \circ - \bullet\bullet\, ;\ \bullet\bullet\bullet\, x = \overline{\overline{\overline{}}}$$

> Pá ra guidālé (*x*) chōṇá xibiēque rudiì chií-bixhōnó lá, tōbi zudiì xhoòpă:

$$x = \frac{\bullet}{\rule{2cm}{2pt}}$$

- Stōbí Andrē, chuppá xibiēque xhīza ta Nāndu guirêē gāndé-bixhoòpá rudiì tī gayuaà īza; bicá *xtuùba bia'cá*, nē bāndá īza nāpá ta Nāndu.

- Chuppá xibiēque xhīza ta Nāndu guirêē gāndé bixhoòpá zudiì tī gayuaà:

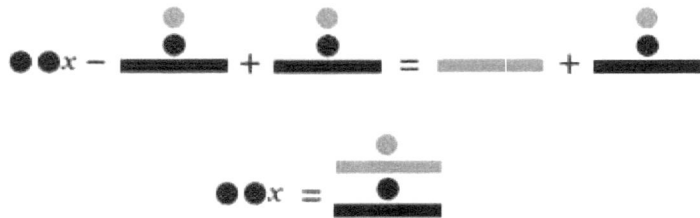

> Tí guiâná (*x*) stūbi, zabêē xigābá gāndé-bixhoòpá bīga' ne ndīga':

$$\bullet\bullet x - \frac{\bullet}{\rule{1.5cm}{2pt}} + \frac{\bullet}{\rule{1.5cm}{2pt}} = \rule{1.5cm}{2pt} + \frac{\bullet}{\rule{1.5cm}{2pt}}$$

$$\bullet\bullet x = \frac{\bullet}{\rule{1.5cm}{2pt}}$$

> ra ridālé xigābá (*x*) chuppá xibiēque, rudiì tī gayuaà gāndé-bixhoòpá, tōbi-ní zudiì xhoòpá dechiì ne chōṇá:

$$x = \frac{\bullet\bullet\bullet}{\bullet\bullet\bullet}$$

Abel, ñúyú xī guniē-xcàndá.

-Xī lá Andrē.

-Zēdabiē-niă caàdxí yūzé, mălasí bēda-dxaàgá tī bīṇí ra ñá bicuêzá ne gunābá-dīdxa naà: bāndá-mé niă; bixīdxé ne gūdxé laà, pă guchaà-gú chuppá xibiēque bia' laà ca-mé, guquiìdú xcalâá bia' niă, raquê stī galâá-garónda, ne liì lá, rizaà tī gayuaà. Diìdxá ni chinābá liì ngá, pă zāndá guidxēla *chōṇá-dechiì ne xhoòpá* yūzé *nē gui'chi'*.

- Ahora, si el triple del número es dieciocho, este número vale seis.

$$x = \frac{\bullet}{\rule{2cm}{1pt}}$$

-Otro ejemplo, si al doble de la edad de Don Fernando restamos veintiséis años da 100 años, escribe la ecuación y su edad.

-Si al doble de la edad de Don Fernando le restamos veintiséis dan cien:

$$\bullet\bullet x - \frac{\bullet}{\rule{1.5cm}{1pt}} = \rule{2cm}{1pt}$$

> Para despejar la (x) sumo el número veintiséis a la izquierda y a la derecha de la igualdad.

$$\bullet\bullet x - \frac{\bullet}{\rule{1.5cm}{1pt}} + \frac{\bullet}{\rule{1.5cm}{1pt}} = \rule{2cm}{1pt} + \frac{\bullet}{\rule{1.5cm}{1pt}}$$

$$\bullet\bullet x = \frac{\bullet}{\rule{1.5cm}{1pt}}$$

> Si el doble de la incógnita es ciento veintiséis, la incógnita (x) es la mitad de ciento veintiséis, es decir el resultado es sesenta y tres años.

$$x = \begin{matrix}\circ\bullet\bullet\\\bullet\bullet\bullet\end{matrix}$$

Abel, hubieras visto lo que soñé.

-¿Y qué fue, Andrés?

-Traía algunos de mis ganados, de repente me encontré a un campesino que me pregunta: ¿Cuántos traía? Me reí y le dije, si sumas el doble del ganado que traigo, le sumas la mitad, más la cuarta parte que traigo y tú, dan cien. Lo que quisiera preguntar es que si las treinta y seis reses que traía las puedo calcular con números.

Zāndá Andrē, yenānda-sí naà.

Chuppá xibiēque bia' yūzé nèú: ●●x

Galāá ni nèú: $x/$●●

Galāá garōndá: $x/$●●●●

Ne liì: ●

Duùba bia'cá ziāná:

$$●●x + \frac{x}{●●} + \frac{x}{●●●●} + ● = \rule{2cm}{2pt}$$

Xigābá rāndá riāzí lāde chuppá ne tāpa (●●●●), tĭ gāndá guchaàga-nú guidúbi ni gulāá chuppá ne tāpa ndāá.

$$\frac{●●●}{●●●●}x + \frac{●●x}{●●●●} + \frac{x}{●●●●} + \frac{●●●●}{●●●●} = \frac{}{●●●●}$$

Chīúchaàga-nú $\left(\frac{●●●}{\rule{1cm}{1pt}}x + ●●x + x\right)$ nĕ chindēé-nú bīga' ne ndīga' xigābá tōbi.

$$\frac{●}{●●●●}x + \frac{●●●●}{●●●●} - \frac{●●●●}{●●●●} = \frac{}{●●●●} - \frac{●●●●}{●●●●}$$

-Se puede Andrés, sígueme.

El doble de las reses: $2x$

La mitad de lo que llevas: $x/2$

Un cuarto: $x/4$

Más uno: 1

Da:

$$2x + \frac{x}{2} + \frac{x}{4} + 1 = \underline{}$$

El denominador común de dos y cuatro (4), es cuatro. Para que se pueda sumar.

$$\frac{3}{4}x + \frac{2x}{4} + \frac{x}{4} + \frac{4}{4} = \frac{}{4}$$

Vamos a sumar $\left(\frac{3}{4}x + 2x + x\right)$ a la izquierda de la igualdad y restar la unidad a la derecha.

$$\frac{1}{4}x + \frac{4}{4} - \frac{4}{4} = \frac{}{4} - \frac{4}{4}$$

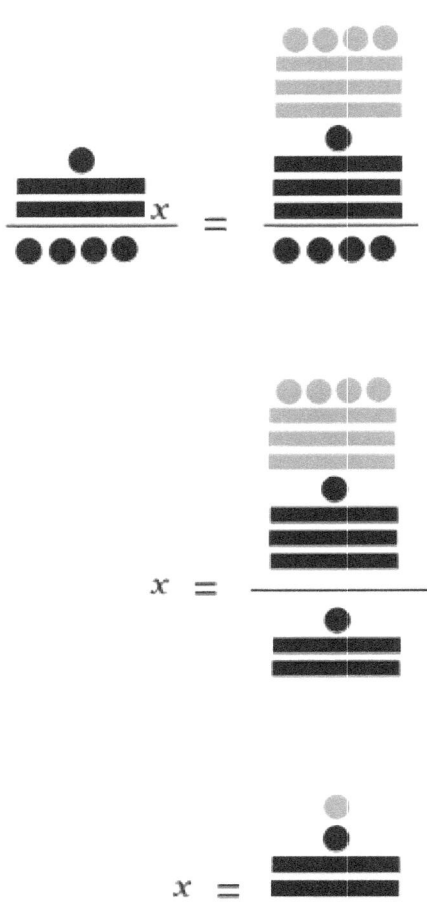

- Andrē, ma gunīú, gulēza guinié yāṉa. Tī dxī tá Bētu candādi xnīza. Zedi'dí *maistru Hui*, zacā gúdxica' laà, tī nīsi canazá canābá-dīdxa, ma cadínde-nḗ bīṉí tī, laà ngá nā, nāṉá.

> - Bētu, bāndá guīxhe gundādú nāse dxī gudīde'.
> - Bicābi tá Bētu: nēgué gundādé galàá ni gūndadé nāse, yāṉa-dxī galàá ni gundādé nēgué, nḗ xhoòpá dxūmmi chindādé, susá toaà-bitāpa guīxhe.

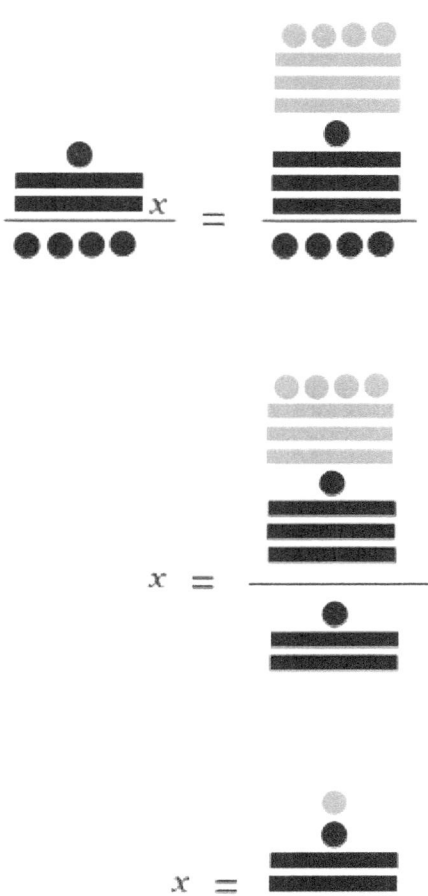

-Andrés, ya hablaste. Ahora déjame hablar. Un día cuando Don Beto estaba piscando su mazorca, iba pasando el maestro Luis, así lo llamaron por preguntón.

> Don Beto ¿Cuántas redes piscaste el día que pasé?
> Respondió don Beto, ayer pisqué la mitad de lo que pisqué antier. Hoy la mitad de lo que pisqué ayer más seis canastos que voy a piscar, completo cuarenta y cuatro redes.

Dxĭ-do' rūá *maistru*, qui nini' birêé zĕ.

Zāndá gúne-ní Abel. Lìì ga'bú naà pắ jnēza:

$x =$ Xigābá nucaàchi zāca ngá guīxhe bilādi nāse

Guīxhe $\dfrac{x}{\bullet\bullet}$ bilādi nēgué.

Guīxhe bilādi $\dfrac{x}{\bullet\bullet\bullet\bullet}$ *yāna-dxī.*

Nīza chiládí xhoòpắ dxūmmi bia'sí chuppắ guīxhe: ●●

Guīxhe bilādí nāse, bilādí nēgué, bilādí yāna-dxī ne xhoòpắ dxūmmi (chuppắ guīxhe) bia'sí toaà-bitāpa guīxhe.

$$x + \frac{x}{\bullet\bullet} + \frac{x}{\bullet\bullet\bullet\bullet} + \bullet\bullet = \bullet\bullet\bullet\bullet\;\overset{\circ\circ}{}$$

$$\frac{\bullet\bullet\bullet\bullet\, x}{\bullet\bullet\bullet\bullet} + \frac{\bullet\bullet\, x}{\bullet\bullet\bullet\bullet} + \frac{x}{\bullet\bullet\bullet\bullet} + \frac{\overline{\bullet\bullet\bullet}}{\bullet\bullet\bullet\bullet} = \frac{\overset{\circ\circ\circ}{\overline{\overline{\bullet}}}}{\bullet\bullet\bullet\bullet}$$

$$\frac{\overline{\bullet\bullet}\, x}{\bullet\bullet\bullet\bullet} + \frac{\overline{\bullet\bullet\bullet}}{\bullet\bullet\bullet\bullet} - \frac{\overline{\bullet\bullet\bullet}}{\bullet\bullet\bullet\bullet} = \frac{\overset{\circ\circ\circ}{\overline{\overline{\bullet}}}}{\bullet\bullet\bullet\bullet} - \frac{\overline{\bullet\bullet\bullet}}{\bullet\bullet\bullet\bullet}$$

$$\frac{\overline{\bullet\bullet}\, x}{\bullet\bullet\bullet\bullet} = \frac{\overset{\circ\circ\circ}{\overline{\bullet\bullet\bullet}}}{\bullet\bullet\bullet\bullet}$$

$$x = \overset{\circ}{\bullet\bullet\bullet\bullet}$$

El maestro se quedó callado, no pronunció palabra y se fue.

Puedo resolverlo Abel, me dices si voy bien.

$x = $ *La incógnita son las redes piscadas.*

Redes $\dfrac{x}{\bullet\bullet}$ piscadas ayer.

Redes piscadas $\dfrac{x}{\bullet\bullet\bullet\bullet}$ *hoy.*

Seis canastos piscados corresponden a dos redes: $\bullet\bullet$

Las redes piscadas antier, ayer, hoy y los seis canastos dan cuarenta y cuatro redes.

$$x + \dfrac{x}{\bullet\bullet} + \dfrac{x}{\bullet\bullet\bullet\bullet} + \bullet\bullet = \overset{\bullet\bullet}{\rule{0.8em}{0.5pt}}\,\bullet\bullet\bullet\bullet$$

$$\dfrac{\bullet\bullet\bullet\bullet\,x}{\bullet\bullet\bullet\bullet} + \dfrac{\bullet\bullet\,x}{\bullet\bullet\bullet\bullet} + \dfrac{x}{\bullet\bullet\bullet\bullet} + \dfrac{\overline{\bullet\bullet\bullet}}{\bullet\bullet\bullet\bullet} = \dfrac{\overset{\bullet\bullet\bullet}{\overline{\bullet\ \ }}\overline{\overline{\ \ \ \ }}}{\bullet\bullet\bullet\bullet}$$

$$\dfrac{\overline{\bullet\bullet}\,x}{\bullet\bullet\bullet\bullet} + \dfrac{\overline{\bullet\bullet\bullet}}{\bullet\bullet\bullet\bullet} - \dfrac{\overline{\bullet\bullet\bullet}}{\bullet\bullet\bullet\bullet} = \dfrac{\overset{\bullet\bullet\bullet}{\overline{\bullet\ \ }}\overline{\overline{\ \ \ \ }}}{\bullet\bullet\bullet\bullet} - \dfrac{\overline{\bullet\bullet\bullet}}{\bullet\bullet\bullet\bullet}$$

$$\dfrac{\overline{\bullet\bullet}\,x}{\bullet\bullet\bullet\bullet} = \dfrac{\overset{\bullet\bullet\bullet}{\overline{\ \ \ \ }}\overline{\bullet\bullet\bullet}}{\bullet\bullet\bullet\bullet}$$

$$x = \overset{\bullet}{\bullet\bullet\bullet\bullet}$$

Nùú ra cuchaàga-nú xigāba ga'chi' sāca naquiìñe *chu'-xuānga* tāpa-cá zuchē-lūnú. Biìya tī guinīú:

> Rarí chindêé gaàyú lū tī xigābá: $x - \blacksquare$

> *Tī guēndala'sí ná: pã̌ xigāba di' risāca xhōnó;* $x - \blacksquare$ *zasāca chōn̠á,* $\underset{\blacksquare}{\bullet\bullet\bullet} - \blacksquare = \bullet\bullet\bullet$

> Dxī guidāle-nê̌ $x - \blacksquare$ stī xigābá, naquiìñe *chu'-xuānga-ní,* tī zacá qui zuche'nú, sicari': $(x - \blacksquare)$

> *Tī guēndala'sí ná: pã̌ xigābá di' chidāle-nê̌ chōn̠á, zacā:* $\bullet\bullet\bullet (\underset{\blacksquare}{\bullet\bullet\bullet} - \blacksquare) = \underset{\blacksquare}{\bullet\bullet\bullet\bullet}$

> Xigābá gutāle-ní, zadāle-nê̌ tōbi-tōbi guirá xigābá naguù xuānga, pã̌ chōn̠á cadāle-nê̌ $(x - \blacksquare)$, zacā-ní $\bullet\bullet\bullet (x - \blacksquare)_{\text{raqué}} = \bullet\bullet\bullet\, x - \overline{\overline{\blacksquare}}$

Bie'nú lá.

-Biēné Abel, bicá caàdxí gūne'.

A veces cuando sumamos incógnitas, es necesario encerrarlos en paréntesis para evitar confusiones.

- De aquí voy a restar de un número, cinco: $x - 5$

- Si suponemos: *que este número vale ocho;* $x - 5$ valdrá tres, $8 - 5 = 3$

- Cuando se multiplique $x - 5$ por otro número, lo encerramos en un paréntesis, para no equivocarnos: $(x - 5)$

- *Si suponemos que este número va a multiplicarse por tres:*

$$3(8 - 5) = 9$$

- El número que multiplica, lo hará uno a uno con todos los números dentro del paréntesis, si tres multiplica a $(x - 5)$, se escribe $3(x - 5)$ después $= 3x - 15$

¿Entendiste?

-Entendí Abel, ponme algunos ejercicios.

$$\underline{\blacksquare}\,x + \frac{\bullet\bullet\, x}{\bullet\bullet\bullet} + \frac{x}{\underline{\blacksquare}} + \frac{\bullet\bullet}{\underline{\blacksquare}} = \frac{\bullet\bullet\bullet}{\overline{\underline{\equiv}}}$$

$$x + \frac{x - \bullet\bullet\bullet}{\underset{\underline{\blacksquare}}{\bullet\bullet}} + \frac{\bullet\bullet\, x}{\underline{\blacksquare}} - \bullet = \frac{\bullet\bullet\bullet\bullet}{\overline{\underline{\equiv}}}$$

$$\bullet\bullet\bullet + \frac{\bullet\bullet\bullet\, x}{\bullet\bullet\bullet\bullet} + \frac{x}{\underset{\underline{\blacksquare}}{\bullet}} + \frac{\bullet}{\underset{\underline{\blacksquare}}{\bullet}} = \frac{\bullet\bullet\bullet}{\underline{\blacksquare}}$$

$$\bullet\bullet\bullet\bullet\, x + \frac{x}{\bullet\bullet} + \frac{x}{\underset{\underline{\blacksquare}}{\bullet\bullet}} + \frac{\bullet}{\bullet\bullet} = \frac{\bullet\bullet\bullet}{\overline{\underline{\equiv}}}$$

$$x + \frac{\bullet\bullet\bullet\, x}{\underset{\bullet}{\bullet\bullet}} + \frac{x}{\bullet\bullet\bullet} + \frac{\bullet}{\underset{\underline{\blacksquare}}{\bullet}} = \frac{\bullet\bullet\bullet}{\underline{\blacksquare}}$$

$$\frac{\bullet\bullet\bullet\, x - \bullet\bullet}{\bullet\bullet} + \frac{\bullet\bullet\bullet\bullet\, x}{\bullet\bullet\bullet} + \frac{x + \bullet\bullet}{\underline{\blacksquare}} + \bullet\bullet\bullet = \bullet\bullet$$

$$\underline{\quad}\,x + \frac{\bullet\bullet x}{\bullet\bullet\bullet} + \frac{x}{\underline{\quad}} + \frac{\bullet\bullet}{\underline{\quad}} = \frac{\bullet\bullet\bullet}{\overline{\underline{\equiv}}}$$

$$x + \frac{x - \bullet\bullet\bullet}{\underset{\underline{\quad}}{\bullet\bullet}} + \frac{\bullet\bullet x}{\underline{\quad}} - \bullet = \frac{\bullet\bullet\bullet\bullet}{\overline{\underline{\equiv}}}$$

$$\bullet\bullet\bullet + \frac{\bullet\bullet\bullet\, x}{\bullet\bullet\bullet\bullet} + \frac{x}{\underset{\underline{\quad}}{\bullet}} + \frac{\bullet}{\underline{\quad}} = \frac{\bullet\bullet\bullet}{\underline{\quad}}$$

$$\bullet\bullet\bullet\bullet\, x + \frac{x}{\bullet\bullet} + \frac{x}{\underset{\underline{\quad}}{\bullet\bullet}} + \frac{\bullet}{\bullet\bullet} = \frac{\bullet\bullet\bullet}{\overline{\underline{\equiv}}}$$

$$x + \frac{\bullet\bullet\bullet\, x}{\bullet\bullet} + \frac{x}{\bullet\bullet\bullet} + \frac{\bullet}{\underset{\underline{\quad}}{\bullet}} = \frac{\bullet\bullet\bullet}{\underline{\quad}}$$

$$\frac{\bullet\bullet\bullet\, x - \bullet\bullet}{\bullet\bullet} + \frac{\bullet\bullet\bullet\bullet\, x}{\bullet\bullet\bullet} + \frac{x + \bullet\bullet}{\underline{\quad}} + \bullet\bullet\bullet = \bullet\bullet$$

XIGĀBÁ DECHIÌ

-Abel, rēédasilū naà dxī gunīú: "gusiìde sia' liì gugābú nēza degāndé raqué ma nēza dechiì".

- Dxāndí lá.

-Yā Andrē, qui zaguīte' liì.

> Cádi usiāndú; bīn̄izā bichaàgá tōbi-tōbi ndāga; chindâá gāndé, susāná tī bīchú, zachēsá zucāá degāndé luguiā; chindâá gāndé-degāndé, zusāná tī rīga, zachēsá ma ziúgāba gue'la; ra chindâá gāndé gue'la, zucāá tī rīga, zachēsá ma ziúchaàgá bisōti; zacā-zacā zisoò, ziúsiroòba' xhigāba'.

> Dxú; gadxē xtuùbá xigābá rugāba-né, ra chindâá chiì, susāná tī xigābá-rīga rùzulū rugābá nēza (*dechiì*). Tī dechiì zacācue', cádi luguiā ra ricā ndāga; ra chindâá chiì dechiì, ma ziúgābá nēza gayuaà, raqué nēza guixhiāpá, zacá zigà, ziroòba' xigābá.

-Abel, ma biziìdé nēza bigābá gula'sa, bisiìdi naà xhigābá dechiì. Ndí-ngá ca duùba xigābá dxú, ga' ca xigābá zā níru ne xigābá-rīga rudiì bia' sāca nitiìcasí xhigābá.

Tōbi	●	Xhoòpá	● / ▬
Chuppá	●●	Gādxé	●● / ▬
Chōn̄á	●●●	Xhōnó	●●● / ▬
Tāpa	●●●●	Ga'	●●●● / ▬
Gaàyú	▬▬▬	Dechiì	◯

NUMERACIÓN DECIMAL

-Abel, recuerdo el día que dijiste: "una vez que te enseñe el sistema vigesimal, seguiré con el decimal".
- ¿Cierto?
-Sí Andrés, no te mentí.
- ➢ No olvides: los zapotecos sumaban una a una las unidades, al llegar a veinte, dejaban un cero y sumaban veintenas arriba; al llegar a veinte veintenas, dejaban un cero y sumaban cuatrocientos hasta llegar a ocho mil, dejaban un cero y contaban ocho mil así sucesivamente fueron aumentando la numeración.
- ➢ Los fuereños utilizan diferentes signos para contar, al llegar a diez dejan un cero y empiezan a contar decenas. Una decena, se escribe a la izquierda no arriba de las unidades, al llegar a diez decenas se cuentan centenas después millares, así sucesivamente alargan su numeración.

-Abel, ya aprendí el sistema vigesimal, ahora enséñame el decimal.
Estos son los símbolos y nombres de los nueve primeros números, además del cero. Ellos determinan el valor de cualquier número.

Uno	●	Seis	●̄
Dos	●●	Siete	●●̄
Tres	●●●	Ocho	●●●̄
Cuatro	●●●●	Nueve	●●●●̄
Cinco	▬	Diez	○

- Andrē, chīúsiìde liì nēza rugābá dxú; gutanā.

Bīniza bigābá nēza degāndé; rūni ngá, ra chindā chiì-bitaà ndāga, zachēsá zucàá degāndé luguiá; dxú co', scāsi pe' chindā ga' zusigà xhigābá, zucàá tōbi cue' tī xigābá rīga, raqué ma ziúgābá nēza dechiì.

Yāna ma nānú, tī dechiì dxú zacā-né tī xigābá tōbi, raqué tī rīga, sicari' (10). Laànú chīúdxi'banú tī bidóla luguiá gusànalú tī bīchú xaguēte'.

Chiì-bitōbi		Chiì-bixhoòpá	
Chiì-bichuppá		Chiì-bigàdxé	
Chiì-bichōná		Chiì-bixhōnó	
Chiì-bitāpa		Chiì-biga'	
Chiì-bigaàyú		Chuppá-dechiì	

Andrē, ra yendá-nú tī dechiì ne ga' ndāga, stōbi-sí guidxaàga-ní ma zazà-ní gāndé, tī gāndé bia'sí chuppá dechiì, dxú rucā xigābá chuppá ra ricā dechiì, sicari': 20.

- Andrés, te voy a enseñar la numeración decimal, pon atención.

Los zapotecos contaron veintenas, por esto cuando llegaban a diecinueve unidades, anotaban el veinte arriba, los fuereños no, apenas llegan a nueve alargan el número poniendo el uno al lado del cero.

Diez lo escriben con el número uno antes del cero, como se muestra (10). Nosotros subimos un punto y dejamos una concha abajo.

Once	●	Dieciseis	●
Doce	●●	Diecisiete	●●
Trece	●●●	Dieciocho	●●●
Catorce	●●●●	Diecinueve	●●●●
Quince	▬	Veinte	●●

Andrés, cuando se llega a diecinueve, con otra unidad que se sume se llega a veinte, es decir a dos decenas, los fuereños lo escriben con el dos donde van las decenas, así: 20.

Gāndé-bitōbi	•••	Gāndé-bixhoòpá	••/•
Gāndé-bichuppá	•• ••	Gāndé-bigādxé	•• ••
Gāndé-bichōṉá	•• •••	Gāndé-bixhōno	•• •••
Gāndé-bităpa	•• ••••	Gāndé-biga'	•• ••••
Gāndé-bigaàyú	••	Chōṉá-dechiì	•••

Veintiuno	●●● ●	Veintiséis	●●● ● ▬▬▬
Veintidós	●● ●●	Veintisiete	●● ●● ▬▬▬
Veintitrés	●● ●●●	Veintiocho	●● ●●● ▬▬▬
Veinticuatro	●● ●●●●	Veintinueve	●● ●●●● ▬▬▬
Veinticinco	●● ▬▬▬	Treinta	●●●

Gaàyú-dechiì		Xhōnó-dechiì nùú gādxé	
Gaàyú-dechiì nùú tāpa		Ga'-dechiì	
Xhoòpā-dechiì nùú xhōnó		Ga'-dechiì nùú tōbi	
Gādxé-dechiì nùú chuppā		Ga'-dechiì nùú ga'	
Xhōnó-dechiì nùú gaàyú		Gayuaà	
chuppā-gayuaà gaàyú-dechiì		Xhoòpā-gayuaà xhōnó-dechiì nùú gaàyú	
Chōná-gayuaà gāndé		Gādxé-gayuaà ga'-dechiì	
Chōná-gayuaà gāndé-bichōná		Xhōnó-gayuaà	
Tāpa-gayuaà gādxé-dechiì nùú tōbi		Ga'-gayuaà tāpa-dechiì nùú tāpa	
Gaàyú-gayuaà		Ti guixhiāpā	

Cincuenta	(barra)	Ochenta y siete	●●● / (barra) / ●● / (barra negra)
Cincuenta y cuatro	(barra) / ●●●●	Noventa	●●●● / (barra)
Sesenta y ocho	● / (barra) / ●●● / (barra negra)	Noventa y uno	●●●● / (barra) / ●
Setenta y dos	●● / (barra) / ●●	Noventa y nueve	●●●● / (barra) / ●●●●
Ochenta y cinco	●●● / (barra) / (barra negra)	Cien	
Doscientos cincuenta	(barra)	Seiscientos ochenta y cinco	●●● / (barra) / (barra negra)
Trescientos veinte	●●	Setecientos noventa	●●●● / (barra)
Trescientos veintitrés	●● / ●●●	Ochocientos	
Cuatrocientos setenta y uno	●● / (barra) / ●	Novecientos cuarenta y dos	●●●● / ●●
Quinientos		Mil	

141

GUĒNDA RUCHAÀGÁ

-Andrē, tī́ cádi guchē-lú ra ziúchaàgú xigābà. Bizūlú bichaàgá xigābá-huiìní, raquē̆ ma ziúsiroòbalú-caní.

Naà gulūé liì xī́ gu'nu'.

-Liì canīú Abel.

Bichaàgá: ga', chiì-bixhōnó ne gādxé dechiì, tāpa ndāga.
Andrē, chīúzūlu-nú, gutie'nú ca xigābá raquē̆ guchaàga-nú:

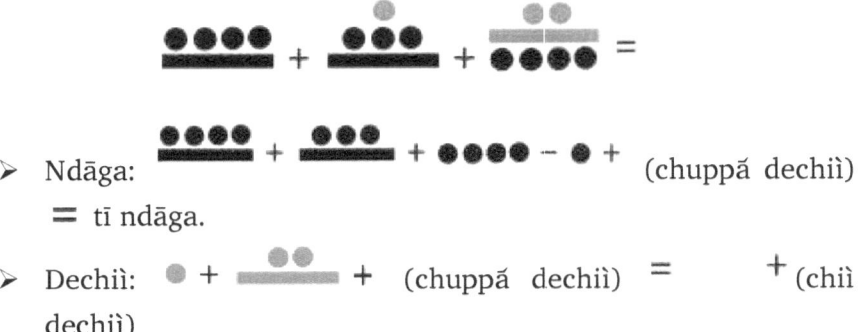

- ➢ Ndāga: ●●●● + ●●● + ●●●● − ● + (chuppá dechiì) = tī ndāga.
- ➢ Dechiì: ● + ●● + (chuppá dechiì) = + (chiì dechiì)
- ➢ Gayuaà: (chiì dechiì) =

Andrē, ra guchaàga xigābá rudiì: tī gayuaà tōbi.

●

Andrē, yāṉa bitiē ne bichaàga guiōṉá xigābá di' stūbu'.

Chuppá-guixhiāpá, chōṉá-gayuaà, gādxé-dechiì nūú chuppá; tī guixhiāpá gaàyú gayuaà chōṉá dechiì nūú tāpa; chōṉá guixhiāpá chuppá gayuaà, xhōnó-dechiì, nūú xhōnó.

SUMA

-Andrés, para evitar errores en tu suma, empieza con números pequeños, después ya los irás agrandando.

Te indicaré como hacerlo.

-Te escucho.

Sumemos nueve, dieciocho más setenta y cuatro.
Andrés, vamos a empezar figurando los números, después sumamos:

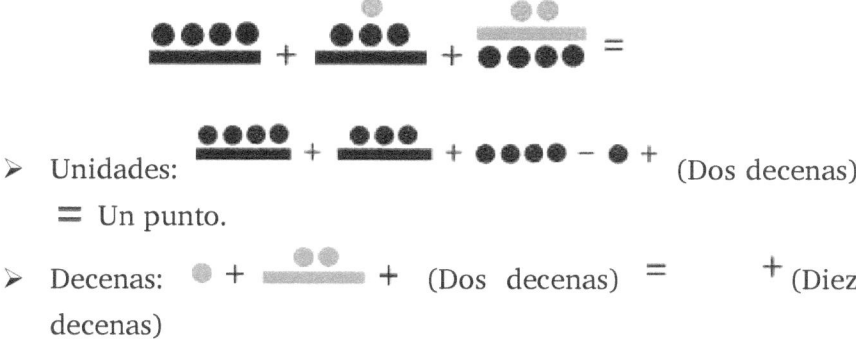

- ➢ Unidades: ●●●● + ●●● + ●●●● − ● + (Dos decenas) = Un punto.
- ➢ Decenas: ● + ●● + (Dos decenas) = + (Diez decenas)
- ➢ Centenas: (Diez decenas) =

Andrés, cuando sumamos los números da: Ciento uno.

Andrés, ahora figura y suma estos tres números, tú solo:

Dos mil trescientos setenta y dos, mil quinientos treinta y cuatro, y tres mil doscientos ochenta y ocho.

Cádi nagāna Abel, ra cuāqué-chāhué xigābá, ziāná:

➤ Ndāga: chuppá + tāpa + xhōnó = tāpa + tī dechiì
●●+●●●● + ●●● = ●●●● tī dechiì

➤ Dechiì: gādxé + chōná + xhōnó + (tī dechiì) = ga' + tī gayuaà ●● + ●●● + ●●● + ● = ●●●● (tī gayuaà)

➤ Gayuaà: chōná + gaàyú + chuppá + (tī gayuaà) =
   +   +   +   +   (Tī guixhiāpá).

➤ Guixhiāpá: chuppá + tōbi + chōná + (tī guixhiāpá) = gādxé guixhiāpá

   +   +   +   =

Andrē, yāna guēnda ridxaàga di' rudiì:

●●●●
●●●●

Andrē, chīúziìdé liì xtī nēza-ridxaàgá xcaàdxí naguēndá:

Es sencillo, acomodando los números quedan así:

- Unidades: Dos + Cuatro + Ocho = Cuatro + Una decena
  ●● + ●●●● + ●●● = ●●●● Una decena
- Decenas: siete + tres + Ocho + (Una decena) = Nueve + Una centena ●● + ●●● + ●●● + ● = ●●●● (Una centena)
- Centenas: tres + cinco + dos + (Una centena) = (Un millar).
  \+ \+ \+ \+
- Millares: Dos + Uno + Tres + (Un millar) = siete millares
  \+ \+ \+ \=

Andrés, el resultado es:

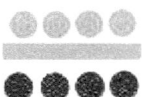

Andrés, ahora suma los siguientes números figurados:

➢ Ndāga: gaàyú + tāpa + xhoòpá + tōbi xhoòpá + tī dechiì

■■■ + ●●●● + —●— + ● = 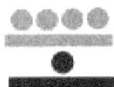 + (tī dechiì)

➢ Dechiì: chuppá + tōbi + tōbi = tāpa dechiì

—●●— + ● + (tī dechiì) = —●●●●—

➢ Gayuaà: tāpa + chōná + xhōnó = gaàyú + (tī guixhiāpá)

     +   +   =   + (tī guixhiāpá)

➢ Guixhiāpá: chōná + tōbi + chuppá + (tī guixhiāpá) = gādxé

     +   +   + (tī guixhiāpá) =

Andrē, yāna bichaàgá guiōná xigābá-di' stūbu'

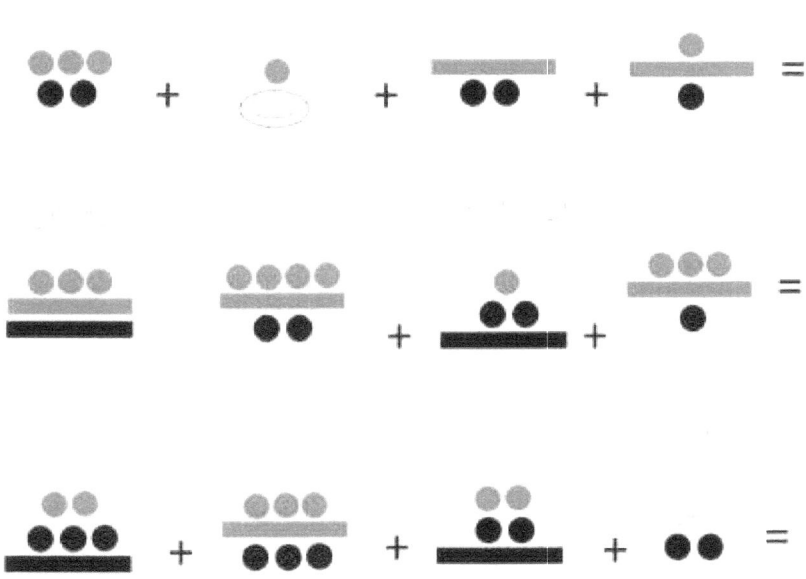

➢ Unidades: cinco + cuatro + seis + uno = ocho + una decena

━━ + ●●●● + ━●━ + ● = ━●━ + (una decena)

➢ Decenas: dos + uno + uno = cuatro decenas

━●●━ + ● + (Una decena) = ━●●●●━

➢ Centenas: cuatro + tres + ocho = cinco + un millar)

+ + = 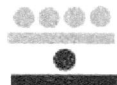 + (un millar)

➢ Millares: tres + uno + dos + (un millar) siete

+ + (un millar) =

●●●●
━●━
━━

Andrés, ahora suma las siguientes tres operaciones:

●●● + ● + ━●●━ + ━●●━ =

━●●●━ + ━●●●●━ + ━●●━ + ━●●●━ =
━━   ━●●━   ━━   ━━

━●●━ + ━●●●━ + ━●●━ + ●● =
━●●●━ ━●●●━   ━━

GUĒNDA RIBEÈ

Yāna Andrē, lū tī xigābá chīnde-nú stōbi.

-Tī gāndá cuēú lū tī xigābá sāca stōbi, bicā xigābá chindēú luguiá; xaguēté xigābá chireè.

-Cayēné Abel, xīru'.

-Tī guie'nu', guleè lū *tāpa gayuaà, gaàyú dechiì ne ga', chuppá gayuaà, chōná dechiì ne gādxé.*
> Naquiìñe guireè ndāga lū ndāga, dechiì lū dechiì, gayuaà lū gayuaà, zacá-zacá scāsi-ca bichaàga-nú.

> Ndāga: ga' – gādxé = chuppá

> Dechiì: gaàyú – chōná = chuppá

> Gayuaà: tāpa – chuppá = chuppá

Andrē, guēnda-ribeè rudiì: *chuppá gayuaà gāndé nùú chuppá.*

Cádi nagāna ngá Abel, bicaà tōbi gūne stūbe.

Guùyá pá dxāndí Andrē. Guleè, lū *gādxé gayuaà, xhōnó dechiì ne chuppá, tāpa gayuaà gaàyú dechiì ne xhoòpa'.*

LA RESTA

Ahora Andrés, de un número vamos a restar otro.

-Para poder restar un número de otro, escribe el minuendo arriba del sustraendo.

-De acuerdo Abel, ¿qué más?

-Para que veas, le restaremos a *cuatrocientos cincuenta y nueve, doscientos treinta y siete.*

> Hay que restar unidades con unidades, decenas con decenas y centenas con centenas, así como se hacía en las sumas.

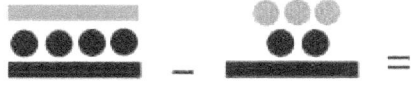

> Unidades: nueve – siete = dos

> Decenas: cinco – tres = dos

> Centenas: cuatro – dos = dos

Andrés, la resta da: *doscientos veintidós*.

-Es fácil Abel, ponme un ejercicio.

A ver si es cierto Andrés. Resta de *setecientos ochenta y dos cuatrocientos cincuenta y seis.*

-Abel, ra cuāqué-chāhué xigābá, ndí ruùyá.

> Ndāga: lū chuppá zě xhoòpá = qui zāndá; ra guiēté tī dechiì zazà chiì-bichuppá yāṉa-ru': lū chiì-bichuppá cuěé xhoòpá = xhoòpá

> Dechiì: gādxé biàná – gaàyú = chuppá

> Gayuaà: gādxé – tāpa = chōṉá

Abel, *chōṉá gayuaà gāndé bi-xhoòpá.*

-Andrē, biìya' tāpa zāndá cuěú *gaàyú guixhiāpá, ga' gayuaà, tāpa dechiì ne gādxé, lū ga' guixhiāpá tī gayuaà chōṉá dechiì ne tāpa.*
-Rābé zāndá Abel.
> Ra cuāqué-chāhué xigābá ruùya'.

> Ndāga: lū tāpa-dechiì guiēte – gādxé = gādxé

-Abel, al ordenar los números, se ve así.

- ➢ Unidades: de dos no podemos restar seis, bajamos una decena y entonces al restar seis de doce, da seis.

- ➢ Decenas: De siete que quedaron se restan cinco, quedan dos.

- ➢ Centenas: siete – cuatro = tres

$$- \quad =$$

Abel, el resultado es *trescientos veintiséis*.

-Andrés ve si puedes restar *cinco mil novecientos cuarenta y siete de nueve mil ciento treinta y cuatro*.

-Creo poder, Abel

- ➢ Al ordenar los números se ven así:

- ➢ Unidades: De catorce – siete = siete

➢ Dechiì: chuppǎ + chiì guiēte = xhōnó

➢ Gayuaà: chiì guiēte – ga' = tōbi

$$- \quad = (\quad + \quad) - \quad =$$

➢ Guixhiāpǎ: xhōnó biâná – gaàyú = chōná

$$- \quad =$$

-Abel, biâná *chōná guixhiāpǎ tī gayuaà xhōnó dechiì nūú gādxé.*

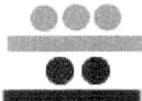

-Co' Andrē, xĭ gúni, biziìdu'. Yāna xiñeè quīucāá chōná guēnda-ribeè chinēú gu'nu' ra li'dxu':

➢ Decenas: (Dos + una decena) – cuatro = ocho

●● – ●●●● = ( + ●●) – ●●●● = ●●●
➢ Centena: Una decena – nueve = una

– = (+) – =
➢ Millares: Ocho– cinco = Tres

– =

Abel, quedaron *tres mil, ciento ochenta y siete*.

-Lo que sea de cada quién Andrés, vas aprendiendo. Ahora debes llevarte estos ejercicios para que los resuelvas en tu casa.

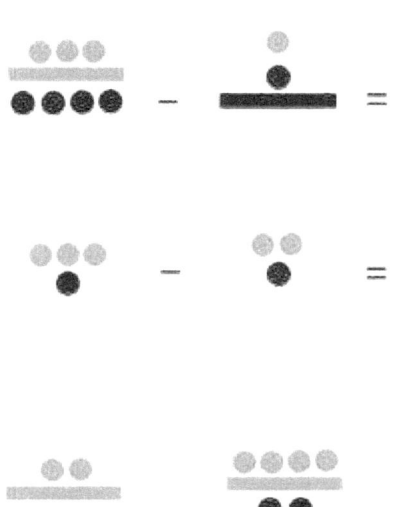

GUĒNDA RUTĀLÉ

-Nɇ́ ni ma biziìdú Andrē, ni nāndá yāna ngá guēnda ruchaàga-lisaà xigābá nēza dechiì.

-Xiñeè qui gu'nu' tōbi guùyá Abel.

-Yā Andrē, chiì-bichūpa chīútālé ne gāndé-bichōná:

●● X ●●● =

-Chuppá ndāga chīútālé:

Chōná ndāga = xhoòpá ndāga. ●● X ●●● =
Chuppá dechiì = tāpa dechiì ●● X ●● = ●●●●

Tī dechiì chīútālé:
Chōná ndāga = chōná dechiì ● X ●●● = ●●●
Chuppá dechiì = chuppá gayuaà ● X ●● =

Yāna guchaàga-nú ndāga, dechiì nɇ́ gayuaà:
Chuppá gayuaà nɇ́ (chōná nɇ́ tāpa) dechiì nɇ́ xhoòpá ndāga bia'sí chuppá gayuaà gādxé dechiì nūú xhoòpá.

+(●●● + ●●●●)+ ─── = + ─── + ─── =

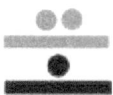

Xī ruùyu' xōú guēnda-rutālé Andrē.
Riēné Abel, jmá-pé ziēné pá ñu'nu' stōbi.

MULTIPLICACIÓN

-Con lo que ya aprendiste Andrés, puedes multiplicar con decimales.

-¿Por qué no haces una operación para que te vea?

-Sí Andrés, vamos a multiplicar doce por veintitrés.

$$\bullet\bullet \times \bullet\bullet\bullet =$$

-Dos puntos multiplicados por:

Tres unidades = seis unidades ●● X ●●● =
Dos decenas = Cuatro decenas ●● X ●● = ●●●●

Una decena multiplicada por:

Tres unidades = treinta ● X ●●● = ●●●
Dos decenas = doscientos ● X ●● =

Ahora sumamos, unidades, decenas y centenas
Dos centenas más (tres más cuatro) decenas más seis puntos igual a doscientos setenta y seis.

+(●●● + ●●●●)+ ▬●▬ =   + ▬●●▬ + ▬●▬ =

¿Cómo ves las multiplicaciones, Andrés?
Bien, pero me quedaría más clara si hacemos otro ejercicio.

Chiútālé: *tāpa dechiì ne xhoòpá né gaàyú gayuaà tī chōná dechiì nùú ga':*
- Ra cuāque-chaàhué xigābá riàná:

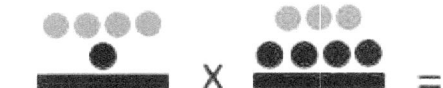

- Ga' ndāga = tāpa ndāga + (gaàyú dechiì)

- Chōná dechiì = xhōnó dechiì + tī gayuaà

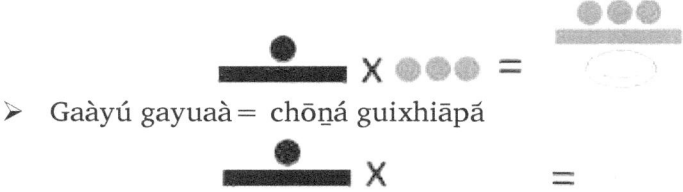

- Gaàyú gayuaà = chōná guixhiāpá

Ga' ndāga = xhoòpá dechiì + chōná gayuaà

Chōná dechiì = chuppá gayuaà + tī guixhiāpá

●●●● X ●●● = ⬭

Voy a multiplicar: *cuarenta y seis por quinientos treinta y nueve:*

➢ Se representa así:

➢ Nueve unidades = cuatro unidades + (cinco decenas)

➢ Tres decenas = ocho decenas + una centena

➢ Cinco centenas = tres millares

Nueve unidades = seis decenas + tres centenas

Tres decenas = dos centenas + un millar

Gaàyú gayuaà = gāndé guixhiāpá

●●●● X   = ⬭

+ (+   ) + (+   +) + (●/▬ + ●●●/▬ + ▬) + ●●●● =

+   +   + ●●●●/▬ + ●●●● =

●●●●/▬
●●●●

Gāndé bi-tāpa guixhiāpá, gādxé gayuaà, ga' dechiì, nùú tāpa.

Cinco centenas = veinte millares

●●●● X   =

+ (+   ) + (+   ) + (● + ●●● + ____) + ●●●● =

+   +   + ●●●● + ●●●● =

●●●●
====
●●●●

Veinticuatro mil, setecientos, noventa, y cuatro.

-Yānna Andrē chīúsaàna tāpa xigābá gutālú ra li'dxu'.

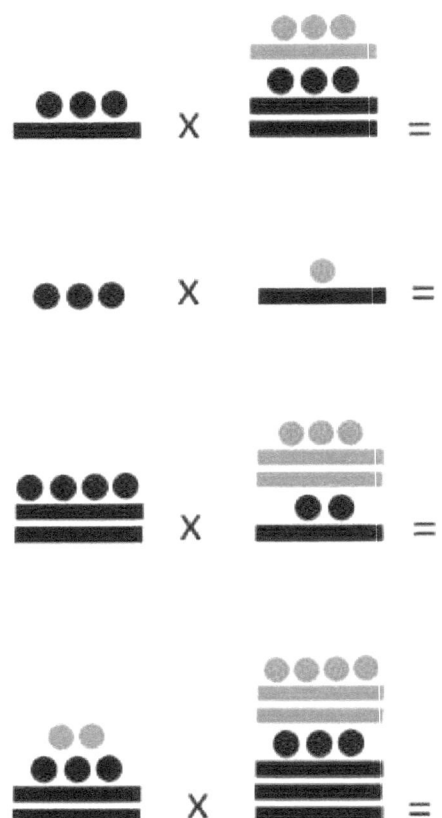

-Ahora Andrés, te voy a dejar cuatro ejercicios para que los resuelvas en tu casa.

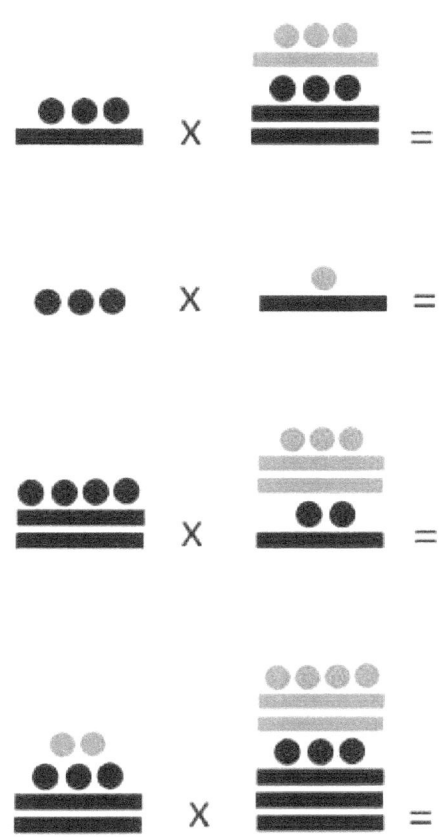

GUĒNDA RIGUIÌZÍ

-Andrē nḗ ni ma biziìdú, ni nāndá yāṉa ngá guēnda-riguiìzí xigābá dechiì.

-Xiñeè qui gu'nu' tōbi guùyá Abel.

- *Chuppá gayuaà, gādxé dechiì ne xhoòpá lāde chuppá dechiì nùú chōṉá.*

$$\frac{\bullet\bullet}{\bullet} \Big/ \genfrac{}{}{0pt}{}{\bullet\bullet}{\bullet\bullet\bullet} =$$

Gayuaà: chuppá gayuaà lāde chuppá dechiì nùú chōṉá, qui zāndá

$$\Big/ \genfrac{}{}{0pt}{}{\bullet\bullet}{\bullet\bullet\bullet} =$$

Dechiì: chuppá gayuaà zūne dechiì guchaàgá gādxé ni mācá nùú zudiì.

$$\left(\frac{\equiv}{} + \frac{\bullet\bullet}{}\right) \Big/ \genfrac{}{}{0pt}{}{\bullet\bullet}{\bullet\bullet\bullet} = \bullet + (\bullet\bullet\bullet\bullet)$$

Ndāga: tāpa dechiì biàná, ne xhoòpá mācá nùú lāde tī degāndé nùú chōṉá bia'sí chuppá

$$\left[\left(\frac{\bullet\bullet\bullet}{} \times \frac{}{}\right) + \frac{\bullet}{}\right] \Big/ \genfrac{}{}{0pt}{}{\bullet\bullet}{\bullet\bullet\bullet} = \bullet\bullet$$

Guēnda-ribeè rudiì: $\bullet + \bullet\bullet = \genfrac{}{}{0pt}{}{\bullet}{\bullet\bullet}$

$$\frac{\bullet\bullet}{\bullet} \Big/ \genfrac{}{}{0pt}{}{\bullet\bullet}{\bullet\bullet\bullet} = \genfrac{}{}{0pt}{}{\bullet}{\bullet\bullet}$$

Chigūnú stōbi Andrē; *gāndé bitāpa guixhiāpá, gādxé gayuaà ga'dechiì nḗ tāpa, lāde tāpa dechiì nùú xhoòpá.*

DIVISIÓN

-Andrés con lo que ya sabes, puedes resolver divisiones con números decimales.

-¿Por qué no resuelves una operación para que yo vea Abel?

-*Doscientos setenta y seis entre veintitrés.*

Centenas: dos centenas entre veintitrés, no se puede

Decenas: Voy a convertir doscientos en decenas, sumado a los siete que ya había, da.

Unidades: cuatro decenas que quedaron, mas seis que ya habían entre veintitrés es igual a dos.

La división da:

Vamos a resolver otra, Andrés; *veinticuatro mil setecientos noventa y cuatro, entre cuarenta y seis.*

Chīú-tiēé ca xigābá ne chitiìze':

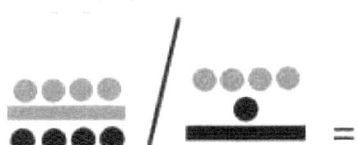

(Gāndé bi-tāpa) bidóla quichi' chigūne (tāpa dechiì nūú xhōnó) rrarrá-yaàse-bitĕ nĕ̄ tōbi mācá nūú rudiì tāpa dechiì nūú ga' rrarrá yaàse-bitĕ, chuppá bidóla, lāde tāpa dechiì nūú xhoòpá bia'sí tī rrarrá, riāná chiì nūú gādxé bidóla yaàse-bitĕ.

Chiì bigādxé bidóla yaàse-bitĕ bia'sí tī gayuaà, gādxé dechiì bidóla yaàse-catē nĕ̄ ga' ni mācá rudiì tī gayuaà, gādxé dechiì nūú ga'.

Voy a representar el número y dividirlo:

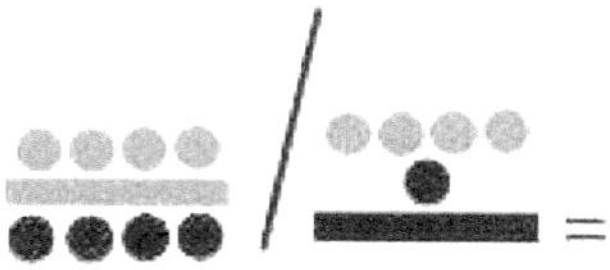

(Veinticuatro) puntos blancos los voy a convertir en (cuarenta y ocho) rayas gris claro, más una que ya estaba da, cuarenta y nueve rayas gris claro y dos puntos gris claros entre cuarenta y seis, es igual a una raya y quedan diecisiete puntos gris claros.

Diecisiete puntos gris claro igual a ciento setenta puntos gris oscuro más nueve que ya había, dan ciento setenta y nueve.

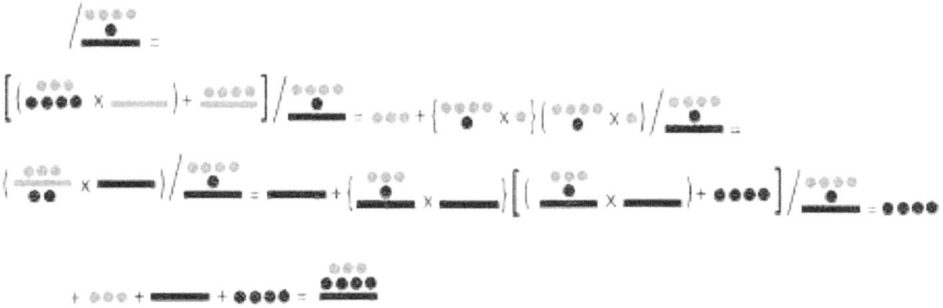

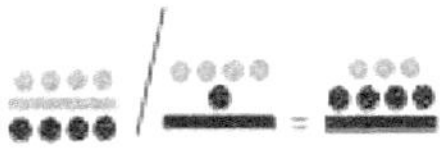

-Andrē, ndí-ngá guēnda-riguiìzí chindāqué gu'nu': gudiìzí

$\left(\begin{array}{c}\bullet\bullet\\ \rule{1cm}{0.4pt}\\ \bullet\bullet\bullet\bullet\end{array}\right)$ nēza $\left(\dfrac{\rule{1cm}{0.4pt}}{\bullet}\right)$.

-Abel, ni chigūne-ngá, chindāqué chaàhué guēnda riguiìzí:

$$\left.\begin{array}{c}\bullet\bullet\\ \rule{1cm}{0.4pt}\\ \bullet\bullet\bullet\bullet\end{array}\right/ \dfrac{\rule{1cm}{0.4pt}}{\bullet} =$$

Guixhiāpǎ: $\left. \rule{0.4pt}{1cm} \dfrac{\rule{1cm}{0.4pt}}{\bullet} \right.$ = qui zāndá

Gayuaà: $\left(\rule{1cm}{0.4pt} + \rule{1cm}{0.4pt}\right) \Big/ \dfrac{\rule{1cm}{0.4pt}}{\bullet}$ = qui zāndá

Dechiì:

$$\left[\left(\rule{1cm}{0.4pt} \times \rule{1cm}{0.4pt}\right) + \dfrac{\bullet\bullet}{\rule{1cm}{0.4pt}}\right] \Big/ \dfrac{\rule{1cm}{0.4pt}}{\bullet} = \rule{1cm}{0.4pt} + (\bullet\bullet)$$

$$\bullet\bullet + \underline{\bullet\bullet\bullet\bullet} = \equiv + \underline{\bullet\bullet\bullet\bullet}$$

$$\left.\begin{array}{c}\bullet\bullet\\ \rule{1cm}{0.4pt}\\ \bullet\bullet\bullet\bullet\end{array}\right/ \dfrac{\rule{1cm}{0.4pt}}{\bullet} = \rule{1cm}{0.4pt} + \left(\equiv + \underline{\bullet\bullet\bullet\bullet}\right)$$

-Andrés en esta división que voy a ponerte vas a dividir

$$\left(\begin{array}{c}\bullet\bullet\\ \rule{1cm}{0.5pt}\\ \bullet\bullet\bullet\bullet\\ \rule{1cm}{0.5pt}\end{array}\right) \text{ entre } \left(\begin{array}{c}\rule{1cm}{0.5pt}\\ \bullet\end{array}\right)$$

-Abel lo que voy a hacer es figurar la división:

$$\begin{array}{c}\bullet\bullet\\ \rule{1cm}{0.5pt}\\ \bullet\bullet\bullet\bullet\\ \rule{1cm}{0.5pt}\end{array} \Big/ \begin{array}{c}\rule{1cm}{0.5pt}\\ \bullet\end{array} =$$

Millares: $\Big/ \begin{array}{c}\rule{1cm}{0.5pt}\\ \bullet\end{array} =$ No se puede

Centenas: $\left(\quad + \quad\right) \Big/ \begin{array}{c}\rule{1cm}{0.5pt}\\ \bullet\end{array} =$ Tampoco se puede

Decenas:

$$\left[\left(\rule{1cm}{0.5pt} \times \rule{1cm}{0.5pt}\right) + \begin{array}{c}\bullet\bullet\\ \rule{1cm}{0.5pt}\end{array}\right] \Big/ \begin{array}{c}\rule{1cm}{0.5pt}\\ \bullet\end{array} = \rule{1cm}{0.5pt} + (\bullet\bullet)$$

$$\bullet\bullet + \begin{array}{c}\bullet\bullet\bullet\bullet\\ \rule{1cm}{0.5pt}\end{array} = \begin{array}{c}\rule{1cm}{0.5pt}\\ \rule{1cm}{0.5pt}\\ \rule{1cm}{0.5pt}\\ \rule{1cm}{0.5pt}\end{array} + \begin{array}{c}\bullet\bullet\bullet\bullet\\ \rule{1cm}{0.5pt}\end{array}$$

$$\begin{array}{c}\bullet\bullet\\ \rule{1cm}{0.5pt}\\ \bullet\bullet\bullet\bullet\\ \rule{1cm}{0.5pt}\end{array} \Big/ \begin{array}{c}\rule{1cm}{0.5pt}\\ \bullet\end{array} = \rule{1cm}{0.5pt} + \left(\begin{array}{c}\rule{1cm}{0.5pt}\\ \rule{1cm}{0.5pt}\\ \rule{1cm}{0.5pt}\\ \rule{1cm}{0.5pt}\end{array} + \begin{array}{c}\bullet\bullet\bullet\bullet\\ \rule{1cm}{0.5pt}\end{array}\right)$$

GUĒNDA RIDĀLÉ-LISAÀ XIGĀBÁ

-Nitiìca xigābá guidāle-nḗ stōbi risāca bia'ca laà, rábinú cadāle-lisaà.

Guṉá Andrē, pá chīútālé xigābá chōṉá chuppá xibiēque, zuca'nú xigābá chōṉá ne luguiá tī xigābá-huiìní chīúdiì bia' xibiēque chidālé zacā sicari':

●●●̈ = ●●● X ●●● = ●●●●

➢ Gaàyú guidālé chōṉa zacā, ne zudiì:

-Ma biēné guēnda ridāle-lisaà, cádi nagāna-ní Abel.
-Co' Andrē, ni rudiì dxiìña ngá pá tī xigāba ma bidālé lisaà nagāna ngá guidxe'lú guná xigābá guidālé lisaà (*xcūni*).

-Abel, xī guṉé ga'.

-Guiziìdú ca xigābá-dí:

POTENCIAS

-Cualquier número multiplicado por otro de igual valor, decimos que está elevado a una potencia.

Andrés, si el número tres se multiplica dos veces por sí mismo, se escribe el número tres y arriba un exponente que indica las veces que se multiplica, así:

●●●·· = ●●● × ●●● = ●●●●

➢ Cinco al cubo se escribe:

-Abel, ya entendí la potencia de un número, es fácil.

-No Andrés, lo difícil es, dado un número ya elevado a una potencia, encontrar la raíz del número.

-Abel, y qué tengo que hacer.

-Memorizar estos números:

$1^2 = 1 \times 1 = 1$

$2^2 = 2 \times 2 = 4$

$3^2 = 3 \times 3 = \frac{4}{5}$ (i.e., 4 over 5)

$4^2 = 4 \times 4 = \frac{4+1}{5} \cdot \frac{1}{1}$

$5^2 = 5 \times 5 = \frac{2}{5 \cdot 1}$

$6^2 = 6 \times 6 = \frac{3}{5 \cdot 1 \cdot 1}$

$7^2 = 7 \times 7 = \frac{4}{5 \cdot 1 \cdot 1 \cdot 1}$

$8^2 = 8 \times 8 = \frac{1}{5 \cdot 1 \cdot 1 \cdot 1 \cdot 1}$

$9^2 = 9 \times 9 = \frac{3}{5 \cdot 1 \cdot 1 \cdot 1 \cdot 1 \cdot 1}$

$10^2 = 10 \times 10 =$

$1^2 = 1 \times 1 = 1$

$2^2 = 2 \times 2 = 4$

$3^2 = 3 \times 3 = \frac{4}{1}$

$4^2 = 4 \times 4 = \frac{1}{1}\,\frac{1}{1}$ (with extra dot)

$\frac{1}{1}^2 = \frac{1}{1} \times \frac{1}{1} = \frac{2}{1}$

$\frac{1}{1}\cdot1^2 = \frac{1}{1}\cdot1 \times \frac{1}{1}\cdot1 = \frac{3}{1\cdot1}$

$\frac{1}{1}\cdot2^2 = \frac{1}{1}\cdot2 \times \frac{1}{1}\cdot2 = \frac{4}{1\cdot4}$

$\frac{1}{1}\cdot3^2 = \frac{1}{1}\cdot3 \times \frac{1}{1}\cdot3 = \frac{1}{1\cdot4}$

$\frac{1}{1}\cdot4^2 = \frac{1}{1}\cdot4 \times \frac{1}{1}\cdot4 = \frac{3}{1}$

$0^2 = 0 \times 0 =$

XIGĀBÁ HUALA'DXI'

-Abel, laàdú ca bīni-rañā, gadxē nēza rugábadú nīza, xūbá, layū; ñē laàca zusiìdú naà gugābá zāca lá.

-Zusiìdé Andrē; xīnga, biziēte nala'dxí naà xinē rīubia' layū.

-Biã Abel, scási pe' nōú chùú-nú chāhui-chaàhuí:

> ➢ Chōná dxūmmi nīza rusaà tī *guīxhe*.
> ➢ Chuppá, guīxhe rusaà tī carga *tī yua'*.
> ➢ Xhoòpá yua' rusaà tī *carrēta*.
> ➢ Tī dxūmmi nīza ra guixuùbá zabē bia'-gā chiì, gaàyú-*bichāga lítru* xūbá.
> ➢ Bia'-ga layū ugaànda guiāba chiì, gaàyú-bichāga lítru xūbá bia'-ca rudiì *tī álmu*.
> ➢ Tī álmu xūbá gusāba binì lū tī layū, bia'-ca ngá tī dxiìña-dxī, pá bisāba xūbá, pá biquīxe xhiúze.

-Dxāndí nōú Andrē, ma beèda-zilū naà; gulēzá yāna gābé liì; xiñeè riūbia'-nē dxūmmi pá nūú dxī ziaàdxa', nūú dxī zadi'di' bia' xūbá ixuùbá.
- Abel, nagāsi ma cádi rīú bia', ne dxūmmi, ma nē chiì, gaàyú-*bichāga* lítru xūbá, zacá qui zula'bú pá xī bixhuùbá dxūmmi.
Abel chīúdiē liì lā ca xigābá bisiìdí bīní lídxe', tī gāndá cuāá bia'ya' layū.

NUMERACIÓN TRADICIONAL

-Abel; los campesinos calculamos nuestras cosechas, terrenos y jornales de otra forma, ¿puedes decirme como mejorarlo?

-Sí Andrés; pero recuérdame los nombres de las medidas.

-Sí Abel, pero vamos a ir como dices, poco a poco:

- ➢ Tres canastos llenan una red.
- ➢ Dos redes hacen una carga.
- ➢ Seis cargas una carreta.
- ➢ Un canasto de mazorca desgranada da algo más de dieciséis litros de maíz
- ➢ Aproximadamente el terreno donde se siembran dieciséis litros de maíz delimita *un almud*.
- ➢ La siembra de almud de maíz equivale a un salario diario del campesino por sembrar o alquilar su yunta.

-Es cierto Andrés, ya recordé, dime: ¿por qué se utiliza el canasto como medida? pues no siempre se obtienen dieciséis litros, a veces más y otras menos.
-Abel, actualmente ya se mide con dieciséis litros, y no por canatos.
Abel, voy a dar los nombres de las medidas que mis parientes me enseñaron para delimitar un terreno.

- Tī ndāga gudiì bīṉí ra zizā, bia'ga tī *bara*.
- Tú sǎ lāde tāpa le' gapá tī gayuaà *bara* zutaàgu bia'gā tī álmu; zacǎ gulûú-bia' ca bīṉí lìdxe layū; nagāsi ma nēza *metru*, naà, cádi zacǎ biziìde.

-Dxāndí Andrē, cādi guizāla'dxú, bicaà diāga-sí yāṉa:
- Tī metru rugùú bia' dxú, xcaàdxi ziũlá.
- Pǎ scási nōú tī ndāga rudiì bīṉí zizā bia'sí tī b*ara*.
- Tī metru nāpǎ tī gayuaà centímetru; tī bara, tāpa biǎ (cuarta) tī taà, bi-tāpa centímetru.
- Rūni ngá, lū tāpa le' rutaàgú tī etárea naquiìne sǎ-lú cádi tī gayuaà bara, naquiìñe sǎ-lú tī *gayuaà gāndé bara,* xlāde tōbi-tōbi xle'.
- Zaquēcá, tí ma naro'bá tī etárea riāba gāndé-bichōṉá lítru xūbá lū.

-Gulēzá guīnie' yāṉa Abel, chīúdiē liì lā xcaàdxí xigābá.

- Tāpa cuarta (*tāpa biǎ*) rudiì tī (*bara*).
- Chiì *cuīni* rudiì tī biǎ.

Andrē, nagāsi rābé ma zāndá uzūlua' usiìdé liì ugābú xigābá-huala'dxí.

- ➢ El paso de una persona caminando mide casi una vara.
- ➢ Esa persona, si recorre el perímetro de un terreno cuadrangular que mide cien varas en sus cuatro lados, delimita un área de un almud. Ahora Abel, ya se mide con metros y así no me enseñaron mis familiares.

- Es cierto Andrés, pero no te preocupes, ahora escúchame.
- ➢ El metro, medida utilizada hoy, es un poco más largo.
- ➢ Como dices, un paso es casi una vara.
- ➢ Un metro tiene cien centímetros, mientras que una vara ochenta y cuatro.
- ➢ Por esto, en los cuatro lados que delimitan una hectárea necesita dar ciento veinte pasos y no cien en cada lado del cuadrángulo, como en el caso del almud.
- ➢ Así mismo, porque la hectárea es más grande requiere para su siembra de poco más de veintitrés litros de maíz.

-Espera Abel, me falta dar los nombres de otras medidas.

- ➢ Cuatro cuartas (*mano extendida*) es igual a una *vara*.
- ➢ diez *dedos* contiguos equivalen a una cuarta.

Andrés, ya es hora de empezar a enseñarte a contar números tradicionales. Vamos a iniciar con la suma.

GUĒNDA RUCHAÀGÁ

-Bicābí naà:
Tī bīṉí-rañā bizulū gundādí gaàyú guīxhe, chuppá dxūmmi; stí dxī-qué: tāpa guīxhe, tī dxūmmi; biōṉá dxī: xhoòpá guīxhe, chuppá dxūmmi; bidāpa dxī: chuppá guīxhe, tī dxūmmi pándá carrēta nīza gundādí lá.

-Abel, sicarí rūne': rugābá guīxhe nḗ guīxhe, dxūmmi nḗ dxūmmi, zacá-zacá ma ziá.

Chīúchaàgá:
> Dxūmmi: chuppá, tōbi, chuppá nḗ tōbi, rudiì xhoòpá; xhoòpá dxūmmi rudiì chuppá guīxhe.
> Guīxhe: gaàyú, tāpa, xhoòpá nḗ chuppá bia'sí chií-bigādxé, nḗ chuppá bichaàgá dxūmmi rudiì chiì-biga', chiì-biga' guīxhe rudiì gādxé guīxhe, tī carrēta.

Bia' nīza bilādí Abel zudiì: *tī carrēta, gādxé guīxhe.*
Jnēza lá.
- Andrē, cadxāgayāá bia' ma biziìdu'. Chīúzaàna xcaàdxí gu'nu'.
Bichaàgá:

> Tī carrēta, gaàyú guīxhe, chuppá dxūmmi, nḗ tāpa guīxhe, tī dxūmmi; chōṉá carrēta, xhoòpá guīxhe, chuppá dxūmmi, nḗ tī carrēta, chuppá guīxhe, tī dxūmmi.

> Chuppá guīxhe, chuppá dxūmmi, nḗ chōṉá carrēta, chuppá guīxhe, chuppá dxūmmi; tī carrēta, tī guīxhe, chuppá dxūmmi, nḗ chōṉá carrēta, chuppá guīxhe, tī dxūmmi.

SUMA

-Responde a la pregunta:

Si un campesino cosecha en el primer día: cinco redes, dos canastos de mazorcas; al día siguiente: seis redes, dos canastos; en el tercer día: seis redes, un canasto; y en el cuarto día: dos redes, un canasto. ¿Cuántas carretas de mazorca cosechó?
-Abel, así cuento: redes con redes, luego canastos con canastos.

Voy a contar:
- canastos: dos más uno más dos más uno, es igual a seis; seis canastos dan dos redes.
- Redes: cinco, cuatro, seis y dos, suman diecisiete, más dos que resultaron dan diecinueve que equivalen a: una carreta, siete canastos.

La cantidad de mazorca cosechada es: *una carreta siete redes*. ¿Está bien?
-Andrés, me sorprende lo que has aprendido.

- Voy a dejarte otros ejercicios, suma:

- Una carreta, cinco redes y dos canastos, más cuatro redes, un canasto. Otra suma: tres carretas, seis redes, dos canastos, más una carreta, dos redes, un canasto.

- Dos redes, dos canastos más tres carretas, dos redes, dos canastos. Otra suma: una carreta, una red, dos canastos más tres carretas, dos redes y un canasto.

GUĒNDA RIBEÈ

-Yāna Andrē, chiziìdú xí riàná-xa lū tī xigābá chirēé stōbi. Chigūné tōbi tī gu'yu'.
Lū chōná carrēta chōná guīxhe tī dxūmmi, chindēé chuppá carrēta, gaàyú guīxhe; xí riàná ya'.

-Bizūlú Abel, rari' qui zagui'tú naà.

-Xiñeè canīú zacá Andrē, yāna biìya':

> Lū tī dxūmmi qui zabēé gāsti, ziàná tōbi.
> Tí qui zāndá cuēé gaàyú lū chuppá, zāca tī carrēta gāca guīxhe, zudiì chiì-bichuppá, né chōná ni mācá nūú rudiì chiì-bigaàyú; yāna-ru', lū chiì-bigaàyú cuēé gaàyú bia'sí ziàná chiì guīxhe.
> Lū chuppá carrēta biàná guirēé chuppá, ma qui ziàná gāsti.

Guēnda-ribeè di' zudiì: *chiì guīxhe, tī dxūmmi*. Bie'nú lá.

-Biēné, xiñeè qui cuàcú tōbi gūné.
- Bi'ni' ndí Andrē. Gulē lū xhoòpá carrēta, chuppá yua', tī guīxhe, tī dxūmmi; chōná carrēta, gādxé guīxhe, chuppá dxūmmi.

> Chīúsulua' né dxūmmi: tī qui zāndá cuēé lū tōbi, chuppá dxūmmi, zūné tāpa cuēé chuppá bia'sí chuppá dxūmmi.
> Ma qui ñaàná guīxhe cuēé gādxé, rūni ngá zūné tī carrēta, chuppá carga, chiì-bixhoòpá guīxhe; yāna lū chiì-bixhoòpá cuēé gādxé, ziàná ga' guīxhe.
> Lū gaàyú carrēta cuēé chōná ziàná chuppá carrēta.
> Abel, ziàná *chuppá carrēta, ga' guīxhe, dxūmmi*.

RESTA

-Ahora Andrés, vas a aprender lo que queda de un número cuando se le quita otro. Voy a resolver una para que veas.
De tres carretas, tres redes, un canasto voy a restar dos carretas, cinco redes.

-Empieza Abel, en esto no me ganas.

-¿Por qué dices eso Andrés?, ahora observa.

- ➢ En un canasto no resto nada, por lo tanto queda uno.
- ➢ Como no se puede quitar cinco redes de dos, una carreta la convierto en doce que sumados a tres que habían, suman quince; ahora, si de quince resto cinco quedan diez redes.
- ➢ De las dos carretas sobrantes resto dos, ya no queda nada.

El resultado de esta resta es: *diez redes, un canasto.* ¿Entendiste?

-Entendí, ahora pon un ejercicio para hacerlo.
-Haz esta resta Andrés, resta: seis carretas, dos cargas, una red, un canasto menos tres carretas, siete redes, dos canastos.
- ➢ Canastos: no puedo restar de uno dos, convierto una red en tres canastos para completar cuatro; ahora, si de cuatro resto dos, quedan dos canastos.
- ➢ Redes, ya no quedan para restar siete, convierto una carreta, dos cargas en dieciséis, ahora, si de dieciséis resto siete, quedan nueve redes.
- ➢ De cinco carretas resto tres carretas quedan dos.
- ➢ Abel, quedan *dos carretas, nueve redes, y dos canastos*.

GUĒNDA RIGUIÌZÍ

-Andrē, tī́ ma biìyá biziìdú, chiguné-ca' tī guēnda riguiìzí.

Chitiìzé lū tāpa bīṉí-rañà, chōṉá carrēta, chōṉá guīxhe, chuppá dxūmmi:

Cabēzá guúya' xĭ cá i'cu'.

-Rari' lácá zusùlunú nĕ tōbi-tōbi ni chiti'zinú xĭnga chīúzùlua' nĕ carrēta, guīxhe, raquĕ dxūmmi:

> ➤ Chōṉá carrēta qui zugaàndá guiaàzí lāde tāpa.
> ➤ Rūni ngá zūné chōṉá carrēta, tī lātegāndé-chiì bixhoòpa guīxhe; ra quiìzé tī lātegāndé-chiì nùú xhoòpá guīxhe lāde tāpa zudiì ga' guīxhe.
> ➤ Chōṉá guīxhe biàná lá, zudiì ga' dxūmmi nĕ chuppá ni mācá nùú, bia'sí chiì-bitōbi; chiì-bitōbi guilàá lāde tāpa, zudiì chuppá, ziàná chōṉá dxūmmi.

-Andrē, zacá tōbi-tōbi: *ga' guixhe, chuppá dxūmmi*, nĕ ziàná-ru' *chōṉá dxūmmi*

DIVISIÓN

-Andrés, ya sabes lo suficiente, por esto voy a resolver una división. Voy a dividir entre cuatro campesinos: tres carretas, tres redes, dos canastos.

- Estoy esperando para ver cómo.

-También en la división se empieza dividiendo primero las carretas, luego las redes y se termina con los canastos.

- ➢ Tres carretas no alcanzan a repartirse entre cuatro.
- ➢ Por esta razón convierto las tres carretas en treinta y seis redes; si divido las treinta y seis redes entre cuatro le toca a cada uno nueve redes.
- ➢ Como las tres redes que sobran no pueden dividirse entre cuatro, las convierto en nueve canastos que sumados a los dos da dos y sobran tres canastos.

-Andrés a cada uno le toca *nueve redes, dos canastos* y queda de residuo *tres canastos*.

GUĒNDA RUTĀLÉ

-Tī gāṉú pǎ jnēza xquēnda-riguiìzí, chīútālé tāpa nḗ bia' gucuǎá tōbi-tōbi, sicari'. Chīútālé tāpa nḗ:

> ➢ Ga' guīxhe: zudiì tī lātegāndé nǔú xhoòpǎ guīxhe, bia'sí chōṉá carrēta.
> ➢ Chuppǎ dxūmmi guidālé tāpa zudiì xhōnó.

Andrē, guēnda-rutālé rudiì: *chōṉá carrēta, chiì-bitōbi dxūmmi, bia'sí chōṉá carrēta, chōṉá guīxhe, chuppǎ dxūmmi.*

-Biēné Abel, cádi guinābú diìdxa naà.

Andrē, de nāsé nuǎá gābé liì, bisaàna-nḗ bixōze' chōṉá álmu layū naà, rābé gūnení dxiìña', xiñeè qui gudīú xǐ guīraá ni rinīti, tī guùyá pǎ zāndá gucǎ-lua' gusābá xūba'.

-Abel, nagāsí ma cádi scási dxī biniìsinú, ca layū nàpa-nú ma bīchuùga, huaxie'ca nīsaguiē riāba lá, jmá nagāna gāca dxiìña'.

Ndí ngá ni rinīti:
> ➢ Ziǎ, zarēza ne zaruùxe bia'ga chuppǎ etárea layū; ziāxa Tú gusiǎ chōṉá álmu, chōṉá dxiìña-dxī; chōṉá álmu bia'ga chuppǎ etárea
> ➢ Nǔú layū ma bichūga, ma bīguidxí, naquiìñe guirēza ne guiruùxe chuppǎ biēque.
> ➢ Lū chōṉá álmu zagui'xu chōṉá dxiìña-dxī tú guichēza bēnda-yū, gusābá xūbá, ne guquīxe xyūze.

MULTIPLICACIÓN

-Para comprobar la división, se multiplica el cociente por el dividendo y se agrega el residuo. Por esto
Multiplico cuatro por:
- ➢ Nueve redes: dan treinta y seis, que convertidos en carretas dan tres.
- ➢ Dos canastos multiplicados por cuatro dan ocho.

Andrés, la multiplicación da como resultado: *tres carretas, once canastos, que es igual a tres carretas, tres redes, dos canastos.*

- Entiendo Abel, ya no preguntes.

- Andrés, hace días te quería decir que mi padre me heredó tres almudes de terreno que pienso sembrar, ¿por qué no me das la lista de los gastos que voy a hacer?

- Abel, actualmente ya no es como cuando crecimos, los terrenos ya se contaminaron y la lluvia que cada día es más escasa, hace difícil la siembra.
Esto es lo que se gasta:
- ➢ Se pagan tres jornales para la limpia del terreno, su barbecho y rastreo, que aproximadamente es de dos hectáreas.
- ➢ En ocasiones, cuando el terreno está muy duro se barbecha y rastrea dos veces.
- ➢ En tres almudes se pagan tres días de jornal para el que surca, siembra, y alquila su yunta.

-Andrē, pabia' nīza rindādí tī bīṉí-rañā̃ tī́ gāndá guiāxa tī dxiìña-dxī.

-Abel, naquiìñe tú chiguiāxá guindādí, gudxiìbá ne guindētē lū carrēta tāpa guīxhe nīza.

-Andrē, chīúchīña' liì, xiñeè qui gucuīlú tī yoò-zīña ra ñā̃ bisanāné bixhōze' naà, tī́ nābé cayeèda-silū naà dxī biniìze'.

-Zūné Abel, tī́ lācá riēte nalādxe' dxī gusaànu guirā́ cheri' ne stālé ngá ni huasiìdú naà. Nagāsí gudiêcá liì guīra ni zaquiìñe tī́ gāndá cuīí li'dxu' scási nālú.

YOÒ ZĪÑA RAÑĀ̃:

> Tāpa yāga ñeè, (chōṉá bara)
> Chuppá yāga ruà (tāpa bara)
> Chuppá bizi' (tāpa bara)
> Xhoòpá bēdxē tāpa (chōṉá bara)
> Tī yāga zo'pe' (tāpa bara)
> Gāndé bēdxē lāse (tāpa bara)
> Tāpa terciu gunīxhi' (gāndé gunīxhi' rūni tī terciu, ne ziūlá chōṉá bara).
> Tāpa terciu doò luba' be'te' (chōṉá brazada rūsaà tī doò, tī́ terciu bia'sí chiì luba').
> Chuppá carrēta zīña (tī carrēta bia'sí gāndé-bitāpa terciu; tī́ terciu nāpá chiìnu zīña).

-Andrés, ¿Cuánta mazorca pizca un campesino para que cobre su jornal?

-Abel, un jornal termina cuando se pizca, acomoda y baja de la carreta cuatro redes de mazorca.

-Andrés, te pido un favor, ¿me construyes una casa de palma en el terreno que heredé para revivir los días de nuestra infancia?

-Sí, Abel, porque también yo los recuerdo, además, es mucho lo que me has enseñado. Ahora te voy a dar la lista de todo lo que se requiere.

UNA CASA DE PALMA:

- Cuatro horcones (tres varas)
- Dos cargadores gruesos (cuatro varas)
- Dos cargadores medianos (cuatro varas)
- Seis palo tijera (cuatro varas).
- Un palo sostén en la parte superior (cuatro varas)
- Cuatro tercios de palos de sostén (veinte hacen un tercio y miden tres varas.
- Cuatro tercios de bejucos (tres brazadas hacen un bejuco diez bejucos, un tercio)
- Dos carretas de palma (una carreta es igual a 24 tercios y cada tercio tiene 15 palmas)

Chùú-nú yāna lādi-yoò:

> - Toaà parā (tī parā nasoò chuppá bāra garōndá)
> - Gaàyú terciu gunīxhi' yāga zīdi guchiì lādi yoò.
> - Gaàyú terciu doò luba' gundiìbi.
> - Tī carrēta guīxi-batá guiu'cha bēñe.
> - Chōná carrēta yū gāca bēñe.

-Andrē, huīdxē-gā gueèdú guicaàyū-nú ni cazaàca guīdxi-layū stīnú.

Material para las paredes:

- ➢ Cuarenta parales (un paral mide dos y media vara)
- ➢ Cinco tercio de palos de árbol de sal.
- ➢ Cinco tercios de bejuco de amarre.
- ➢ Una carreta de pasto común.
- ➢ Tres carretas de tierra para hacer lodo.

-Andrés, en unos días vienes para platicar sobre algunos fenómenos naturales.

CERTIFICADO

Registro Público del Derecho de Autor

Para los efectos de los artículos 13, 162, 163 fracción I, 164 fracción I, 168, 169, 209 fracción III y demás relativos de la Ley Federal del Derecho de Autor, se hace constar que la **OBRA** cuyas especificaciones aparecen a continuación ha quedado inscrita en el Registro Público del Derecho de Autor, con los siguientes datos:

AUTOR: DE GYVES RUIZ DESIDERIO
TITULO: NUMERACION EN ZAPOTECO
RAMA: LITERARIA
TITULAR: DE GYVES RUIZ DESIDERIO

Con fundamento en el artículo 3° de la Ley Federal del Derecho de Autor el presente certificado ampara única y exclusivamente la obra original Literaria.

Con fundamento en lo establecido por el artículo 168 de la Ley Federal del Derecho de Autor, las inscripciones en el registro establecen la presunción de ser ciertos los hechos y actos que en ellas consten, salvo prueba en contrario. Toda inscripción deja a salvo los derechos de terceros. Si surge controversia, los efectos de la inscripción quedarán suspendidos en tanto se pronuncie resolución firme por autoridad competente.

Con fundamento en los artículos 2, 208, 209 fracción IV y 211 de la Ley Federal del Derecho de Autor, artículos 64, 103 fracción IV y 104 del Reglamento de la Ley Federal del Derecho de Autor, artículos 1, 3 fracción I, 4, 8 fracción I y 9 del Reglamento Interior del Instituto Nacional del Derecho de Autor, se expide el presente certificado.

Número de Registro: 03-2015-121513411800-01

México D.F., a 21 de diciembre de 2015

EL DIRECTOR DEL REGISTRO PÚBLICO DEL DERECHO DE AUTOR

JESUS PARETS GOMEZ

www.ingramcontent.com/pod-product-compliance
Lightning Source LLC
Chambersburg PA
CBHW020652220526
45464CB00001B/398